Projekt

Astronomie betreiben heißt, etwas zu tun. Auf den Projektseiten findet ihr viele Tipps und Anregungen für eigene Beobachtungen von astronomischen Objekten.

Projekt

Umwelt

Ein Blick in die Technik

Das Sonnensystem

AUFGABEN

1. Man unterscheidet erdähnliche und jupiterähnliche Planeten. Zu welcher dieser beiden Gruppen zählen die Planeten mit festen Oberflächen, zu welcher die Gas- bzw. Eisplaneten?
2. Welche Planeten waren schon im Altertum bekannt, welche sind Entdeckungen der Neuzeit?
3. Welcher Planet ist der Erde am ähnlichsten?
4. Die mittleren Dichten der erdähnlichen Planeten betragen 3,9 bis 5,5 g/cm³. Gesteine haben aber nur Dichten um 2,8 g/cm³. Wie kann man die hohen mittleren Dichten von Merkur, Venus, Erde und Mars erklären?
5. Die so genannten „inneren" Planeten Merkur und Venus erscheinen bei der Beobachtung mit dem Fernrohr oftmals sichel- oder halbmondförmig. Zeige mithilfe einer Skizze der Bahnen von Venus und Erde, wie dieser Anblick zustande kommt!
6. Gib dein Alter in Jupiterjahren an! (Ein Jupiterjahr ist die Dauer eines Umlaufs des Planeten Jupiter um die Sonne.)
7. Die Planeten Jupiter und Saturn weisen eine starke Abplattung auf, die durch die schnelle Rotation entstanden ist. (Beide Planeten drehen sich mehr als doppelt so schnell wie die Erde um ihre Achse. Wie ist es zu erklären, dass die ausgedehnten Atmosphären dieser Planeten nicht durch die Fliehkraft in den Weltraum hinausgeschleudert werden?
8. Wie ist es zu erklären, dass die Planeten Jupiter und Saturn mehr Energie abgeben, als ihnen von der Sonne zugestrahlt wird?

9. Beschreibe, wie du bei der Beobachtung des Himmels eine Sternschnuppe (Meteor) von einem Kometen unterscheiden kannst!
10. Im Bild 1 ist dargestellt, wie sich die Erde in ihrer Bahn um die Sonne bewegt: Am Abend befindet sich der Beobachter auf der „Rückseite", in den Morgenstunden auf der „Vorderseite" der Erde. Erkläre anhand dieses Bildes, warum die meisten Meteore nicht abends, sondern in den Stunden nach Mitternacht zu beobachten sind.

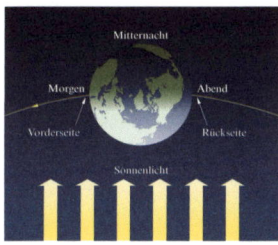

1

ZUSAMMENFASSUNG

Planeten	Himmelskörper, die die Sonne umlaufen: Merkur, Venus, Erde, Mars, Jupiter, Saturn, Uranus, Neptun; alle Planeten reflektieren das Licht der Sonne *erdähnliche Planeten:* Merkur, Venus, Erde und Mars; sie ähneln nach Masse, mittlerer Dichte und chemischer Zusammensetzung der Erde *jupiterähnliche Planeten:* Jupiter, Saturn, Uranus und Neptun; sie ähneln dem Jupiter, besitzen große Massen, große Durchmesser, aber geringe mittlere Dichten
Zwergplaneten	Zwergplaneten sind kugelförmige Himmelskörper, die die Sonne umlaufen, sind dabei aber nicht die einzigen Körper in ihrer Umlaufbahn
Kleinkörper im Sonnensystem	*Asteroiden (Planetoiden):* kleine Himmelskörper von meist unregelmäßiger Gestalt; im Raum zwischen den Bahnen von Mars und Jupiter und im so genannten Kuiper-Gürtel konzentriert *Kometen:* kleine Himmelskörper aus Eis und Staub, bei Annäherung an die Sonne bilden sie eine Gashülle (Koma) und meist auch einen Schweif aus *Meteoroide:* Kleinstkörper, die beim Eindringen in die Erdatmosphäre aufglühen und als Sternschnuppen (Meteore) oder Feuerkugeln beobachtet werden können; größere Meteoroide (über 1 cm Durchmesser) können die Erdoberfläche erreichen (Meteorite)

Themenseiten

Auf diesen Seiten wird ein besonderes Thema aus unterschiedlichen Blickwinkeln betrachtet. Diese Seiten sollen dir helfen, Erscheinungen unserer Umwelt als Zusammenwirken verschiedener Einzelfakten zu verstehen.

Ein Blick in …

Auf diesen Seiten wird über den Tellerrand geschaut — ein *Blick in die Technik* verrät, welche Geräte die Astronomen benutzen, um Beobachtungen durchzuführen und auszuwerten.
Beim *Blick in die Geschichte* erfährst du, was die Menschen früher schon über die Astronomie wussten und wie diese Wissenschaft langsam entstanden ist.

Aufgaben

Sie dienen nicht nur zur Wiederholung und zur Übung. Sie sollen dir ebenso helfen, mit dem Gelernten Neues zu entdecken oder Altbekanntes neu zu verstehen.

Zusammenfassung

Am Ende des Kapitels wird das Wichtigste noch einmal auf den Punkt gebracht.

Astronomie plus

Udo Backhaus / Klaus Lindner

Autoren:
Prof. Dr. Udo Backhaus (Orientierung am Sternenhimmel, Das Sonnensystem)
Dr. Klaus Lindner (Das Sonnensystem, Sterne und Sternsysteme)

Unter Planung und Mitarbeit der Verlagsredaktion
Bettina Conrad-Rosenkranz

Illustration: Rainer Götze, Karl-Heinz Wieland
Umschlaggestaltung und Layoutkonzept: Wolfgang Lorenz
Layout: Wladimir Perlin

www.cornelsen.de

1. Auflage, 11. Druck 2022

Alle Drucke dieser Auflage sind inhaltlich unverändert
und können im Unterricht nebeneinander verwendet werden.

Druck: Mohn Media Mohndruck, Gütersloh

ISBN 978-3-06-081012-3

PEFC zertifiziert
Dieses Produkt stammt aus nachhaltig
bewirtschafteten Wäldern und kontrollierten
Quellen.

PEFC
PEFC/04-31-1033

www.pefc.de

Inhalt

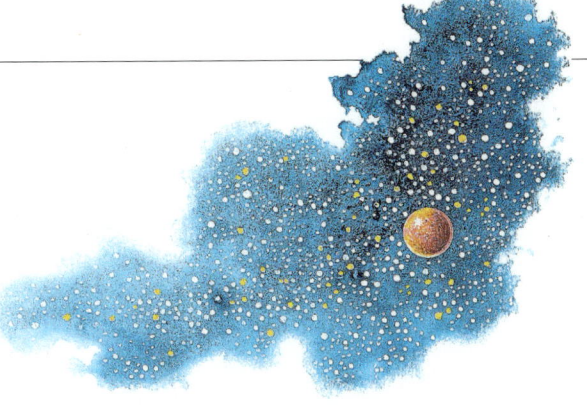

Orientierung am Sternenhimmel

Seit vielen Jahrtausenden zieht der Sternenhimmel die
Aufmerksamkeit der Menschen in seinen Bann.
Die Bewegungen der Gestirne galten in den frühen
Kulturen als Botschaften der Götter.
Heute führt die Astronomie Erkenntnisse aus vielen
Bereichen der Naturwissenschaften zu einem
eindrucksvollen Bild vom Aufbau des Kosmos
zusammen.

In einer sternklaren Sommernacht leuchtet der Sternenhimmel über der Landschaft. Besonders hell leuchtet ein Punkt knapp über dem Dach eines nahen Hauses. Schon nach einer halben Stunde würde der Himmel von der gleichen Stelle aus fotografiert einen anderen Anblick bieten.

Sternbilder

Bewegung am Himmel. Wenn du den klaren Sternenhimmel von einem festen Standort aus, z. B. von einem Balkon oder aus dem Fenster deines Zimmers, eine längere Zeit lang genau beobachtest, kannst du bemerken, dass alle Sterne ihre Stellung verändern: Einer verschwindet vielleicht hinter einem Haus, während ein anderer hinter einem Baum auftaucht. Manche steigen immer höher über den Horizont, während andere immer tiefer sinken. Der ganze Himmel ist in Bewegung!

Zum Glück verändern die Sterne ihre Stellung nicht völlig zufällig. Sie behalten vielmehr untereinander ihre Position bei: Figuren wie ein regelmäßiges Sterndreieck oder eine fast gerade „Sternenschnur", die dir vielleicht aufgefallen sind, findest du nach einer Stunde noch wieder. Sie haben als Ganzes ihre Stellung zur irdischen Umgebung geändert, ihre Gestalt aber beibehalten.

> Der Sternenhimmel verändert sich im Laufe einer Nacht: Die Sterne bewegen sich in Bezug auf Horizont und Häuser, Bäume und Berge der irdischen Umgebung. Dabei bleibt die Stellung der Sterne untereinander unverändert.

Sternbilder schaffen Ordnung. Zu verschiedenen Uhrzeiten innerhalb einer Nacht, aber auch im Laufe eines Jahres sieht der Himmel ganz unterschiedlich aus. Um trotzdem eine Orientierung in der Vielfalt der Sterne am Himmel zu ermöglichen, wurden bereits im Altertum die hellsten Sterne mit Eigennamen versehen (z. B. Beteigeuze, Atair, Mizar). Diese Namen entstammen meist dem griechischen oder arabischen Kulturkreis. Außerdem fasste man auffällige Gruppen von Sternen zu Figuren, den so genannten Sternbildern, zusammen (Bilder 2 und 3). Um sich diese Figuren und ihre Stellung zueinander besser merken zu können, verband man sie mit den Gestalten der Mythologie und mit deren Schicksalen.

Der bekannte Große Wagen ist astronomisch ein Teil des Sternbildes Große Bärin (Ursa Maior). Moderne Sternkarten enthalten keine Figuren, sondern höchstens die Strichdarstellungen der Sternbilder.

1

Der römische Dichter OVID erzählte die folgende Sage: *Die schöne Nymphe Kallisto wird von Jupiters eifersüchtiger Ehefrau Juno in eine Bärin verwandelt, nachdem sie ihren Sohn Arkas, ein Kind von Jupiter, zur Welt gebracht hat. Im Alter von fünfzehn Jahren trifft Arkas im Wald auf seine Mutter, die er natürlich nicht erkennt, und will sie aus Furcht töten. Doch Jupiter verhindert das im letzten Moment und versetzt beide als Sternbilder an den Himmel.*

Die Sage von Kallisto beschreibt, dass die Sternbilder der Großen Bärin, des Bootes (Bärenhüter Arkas) und der Jagdhunde am Himmel dicht benachbart sind und dass der Bärenhüter der Bärin bei der täglichen Bewegung folgt (s. S. 8). Sie erleichtert so die Orientierung am Sternenhimmel.

In alten Himmelskarten sind Sternbilder oft durch fantasievolle Gestalten dargestellt. Heute werden sie in der Regel nur durch gerade Verbindungslinien angedeutet, die die namensgebende Gestalt kaum erahnen lassen.

Die Himmelskugel. Wir können beim Betrachten des Himmels nicht unterscheiden, welcher Stern weiter entfernt ist als ein anderer. Alle Sterne scheinen gleich weit weg zu sein. Der Himmel erscheint uns deshalb wie eine über die Landschaft gewölbte kugelförmige Schale – die so genannte (scheinbare) Himmelskugel. Inzwischen hat man jedoch herausgefunden, dass die Sterne unterschiedlich weit entfernt sind. Nicht einmal die Sterne eines Sternbildes haben dieselbe Entfernung von der Erde (Bild 2).

Weil der Himmel wie eine Kugel auf uns wirkt, können die hellen Sterne des Himmels auf einem Himmelsglobus dargestellt werden. Es gibt zwei unterschiedliche Sorten: Bei der einen Art von Himmelsgloben sind die Sternbilder außen so dargestellt, wie sie von innen aussehen. Eigentlich ein Widerspruch! Er führt zu Problemen, wenn man sich die Bewegung des Himmels mit einem solchen Globus veranschaulichen will. Bei der anderen Art werden die Sterne deshalb so dargestellt, als blicke man (was in Wirklichkeit natürlich unmöglich ist!) von außen auf die Himmelskugel. Die Sternbilder sind seitenverkehrt dargestellt. Um sie so wie am Himmel zu sehen, musst du dich in Gedanken in den Mittelpunkt der Kugel versetzen.

Übrigens

Der *Schwan* ist ein typisches Sommersternbild, das geflügelte Pferd *Pegasus* ein Herbststernbild. Der Himmelsjäger *Orion* ist im Winter besonders gut zu sehen. Das dominierende Frühlingssternbild ist der *Löwe*.

Himmelskugel (Ausschnitt)

Horizont

2

Orion entsteht durch Projektion unterschiedlich weit entfernter Sterne an die Himmelskugel.

3

Seitenverkehrter Globus

4

Seitenrichtiger Globus

Die tägliche Drehung des Himmels

Die Bahnen der Sterne. Es ist nicht leicht, in der Bewegung der Sterne über den Himmel eine Ordnung zu erkennen. Zu langsam verändert sich die Stellung, zu unterschiedlich sind die Bahnen verschiedener Sterne. Man muss lange hinsehen, um zu bemerken:

– Die Sterne des Großen Wagens scheinen am Himmel zu kreisen.
– Orion geht im Osten auf und im Westen unter. Dazwischen scheint er sich fast geradlinig zu bewegen.
– Andere Sterne sind nur ziemlich kurz zu sehen und durchlaufen dabei einen ganz flachen Bogen über dem Horizont.
– Nur ein Stern verändert seine Stellung am Himmel nicht: der **Polarstern!**

Bahnformen. Die genaue Form der Bahnen kannst du nur herausfinden, wenn du die Stellung verschiedener Sterne über dem Horizont in regelmäßigen Abständen misst (siehe S. 15). Das haben die Menschen wohl schon bereits im frühen Altertum getan; denn sie wussten schon: Alle Sterne durchlaufen zueinander parallele Kreisbögen am Himmel. Sie haben einen gemeinsamen Mittelpunkt, der ziemlich genau mit dem Polarstern übereinstimmt (Bild 1).

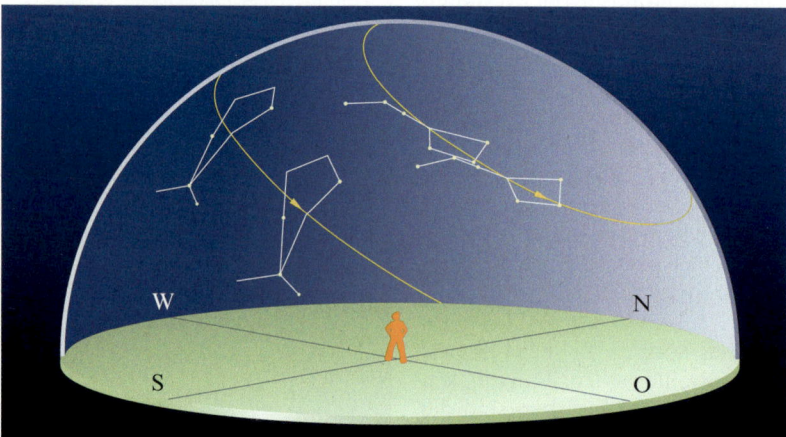

1

Großer Wagen und Bootes nehmen gemeinsam an der Drehung des Himmels teil.

In Gedanken ergänzten die Menschen diese am Himmel sichtbaren Kreisbögen unter dem Horizont zu vollständigen Kreisen. Erst dadurch wurde aus der sichtbaren Halbkugel die vollständige Himmelskugel. Weil alle Sterne für einen vollständigen Umlauf dieselbe Zeit benötigen, kann man sich vorstellen: Die Himmelskugel dreht sich als Ganzes; alle Sterne sind daran befestigt und nehmen an dieser Drehung teil.

> Bei der Veränderung des Sternenhimmels im Laufe einer Nacht handelt es sich um eine Drehung um den Himmelsnordpol. Die Drehung dauert ungefähr einen Tag: Am nächsten Abend hat der Himmel um etwa dieselbe Uhrzeit wieder dieselbe Stellung wie am Vorabend.

Langzeitfotos. Heute ist es einfacher, der Drehung des Sternenhimmels auf die Spur zu kommen: Auf Fotos, die mit feststehender Kamera lange belichtet werden, hinterlassen alle Sterne Spuren, die umso länger sind, je länger das Foto belichtet wurde und je weiter die Sterne vom Polarstern entfernt sind (Bild 2).

2

Mit Langzeitfotos ist es leicht, die Drehung des Sternenhimmels nachzuweisen.

Orientierung am Himmel und auf der Erde. Der Himmel dreht sich als Ganzes wie eine Kugel. Die Rotationsachse geht durch den **Himmelsnordpol,** der recht genau durch den **Polarstern** markiert wird, und durch den Erdmittelpunkt.

Und weil die Erde im Vergleich zur Himmelskugel winzig ist, scheint sich der Himmel um den Beobachter zu drehen – um dich selbst also.

Der **Himmelssüdpol** liegt unter dem Horizont und ist deshalb für den Beobachter unsichtbar. Die **Himmelsrichtungen** auf der Erde sind durch diese Achse festgelegt (Bild 1): Der **Himmelsnordpol** liegt genau im Norden. Mithilfe des Großen Wagens und des Polarsterns kannst du ihn zu jeder Nachtzeit finden. Norden gegenüber liegt **Süden.** Dort erreichen viele Sterne ihre größte Höhe über dem Horizont; man sagt, sie **kulminieren.** Sie kreuzen dann den **Meridian;** das ist der Kreis, der vom Südpunkt durch den **Zenit** senkrecht über dir zum Nordpunkt verläuft.

Übrigens

Der Polarstern (Polaris) ist nicht – wie oft vermutet wird – der hellste Stern am Himmel. Aber es gibt eine kleine Hilfestellung für das Auffinden:

Hat man den Großen Wagen gefunden, verlängert man in Gedanken den Abstand der letzten beiden Sterne des Kastens fünfmal nach oben. Dort befindet sich dann der Polarstern. In seiner Umgebung gibt es nur schwächer leuchtende Sterne, sodass man ihn nicht verwechseln kann. Der Polarstern bildet außerdem das Ende der Wagendeichsel des Kleinen Wagens.

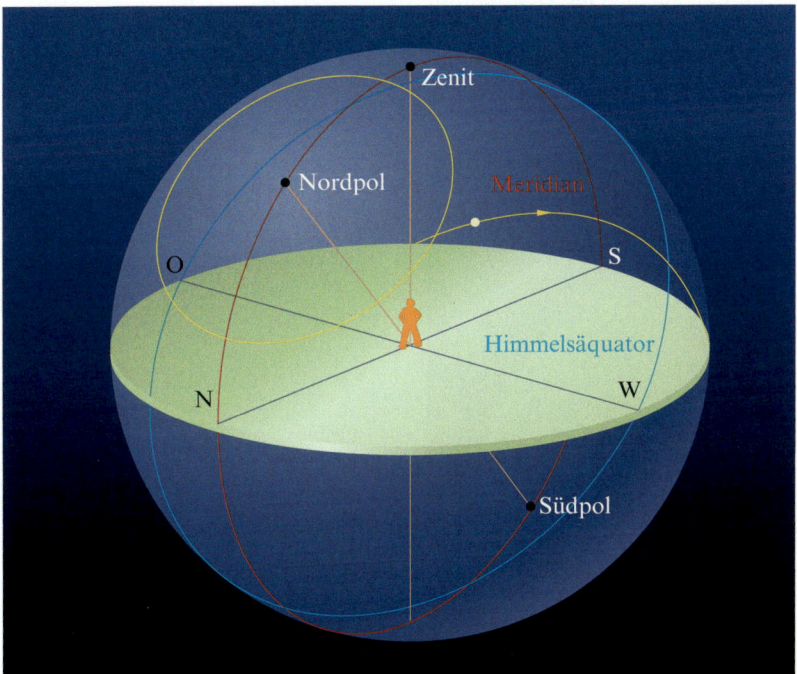

1

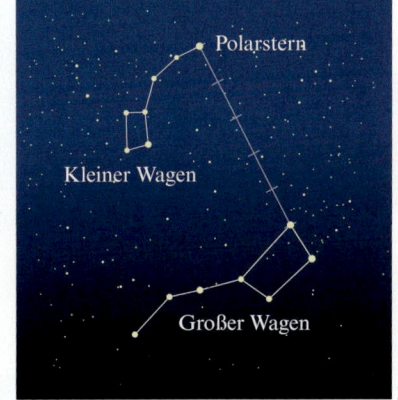

2

Mithilfe des Sternenhimmels kann man sich auch auf der Erde orientieren: Der Polarstern steht immer im Norden, viele Sterne erreichen im Süden ihre höchste Stellung über dem Horizont.

Der Himmel dreht sich so, dass die Sterne am östlichen Horizont aufgehen und in westlicher Richtung untergehen. Wenn du zum Polarstern blickst, scheint sich der Himmel also entgegen dem Uhrzeigersinn zu drehen – in ungefähr 24 Stunden einmal. Die Sterne, die dem Himmelspol nahe genug sind, erreichen nie den Horizont. Sie gehen nie auf und unter. Man nennt sie **Zirkumpolarsterne.** Auch in der Nähe des Himmelssüdpols gibt es zirkumpolare Sterne. In unseren Breiten sind sie niemals zu sehen.

Wie die Erde einen Äquator hat, hat auch die Himmelskugel einen **Himmelsäquator.** Die Sterne, die auf dem Himmelsäquator liegen, durchlaufen den größten Bogen am Himmel. Sie gehen genau im Osten auf und gehen genau im Westen unter. Die Gürtelsterne des Orion liegen recht genau auf dem Himmelsäquator.

Die Deklination. Wie schnell Sterne ihre Position über dem Horizont verändern, hängt von ihrem Abstand vom Himmelsäquator ab: Am schnellsten bewegen sich die Sterne in der Nähe des Äquators, am langsamsten die in der Nähe der Himmelspole.

> Der „Abstand" zweier Positionen an der Himmelskugel ist der Winkel, um den man seine Blickrichtung ändern muss, um den Blick von der einen Position zur anderen zu drehen.

Der Abstand eines Sterns vom Himmelsäquator wird als **Deklination δ** des Sterns bezeichnet. Sie wird nach Norden (in Richtung des Polarsterns) positiv, nach Süden negativ gezählt. Die Deklination bleibt während der Himmelsdrehung unverändert. Aus der Deklination eines Sterns lässt sich viel über seine tägliche Bewegung ersehen: Je weniger sich die Deklination eines Sterns von 0° unterscheidet, desto schneller ändert sich seine Position durch die tägliche Drehung des Himmels. Und an der Deklination kann man auch erkennen, ob ein Stern zirkumpolar ist, auf- und untergeht oder gar nicht über den Horizont kommt.

Übrigens

An einem Ort mit der geografischen Breite φ sind Sterne zirkumpolar, wenn ihre Deklination δ größer ist als $90° - \varphi$.

![Tagbögen zweier Sterne mit unterschiedlicher Deklination: Himmelskuppel mit täglichen Bahnen von Stern 1 und Stern 2, Himmelsäquator, Deklinationen $\delta_1 = 22°$ und $\delta_2 = -15°$]

tägl. Bahn von Stern 1
Stern 1
$\delta_1 = 22°$
Himmelsäquator
$\delta_2 = -15°$
tägl. Bahn von Stern 2
Stern 2
S
O
W
N

Tagbögen zweier Sterne mit unterschiedlicher Deklination

Kugelgestalt und Rotation der Erde

Die Astronauten, die zum Mond flogen, konnten zum ersten Mal den ganzen Erdball im Lichte der Sonne überblicken und beobachten, wie durch die Drehung der Erde im Laufe der Zeit unterschiedliche Teile der Erde von der Sonne beleuchtet werden.

Du weißt sicher, dass die Erde eine frei schwebende Kugel im Weltall ist. Wahrscheinlich hast du schon davon gehört, dass die Drehung des Sternenhimmels eine Folge der Drehung der Erde um ihre Achse ist, die durch ihren Nord- und den Südpol verläuft. Wie passen die beobachtbare Himmelsdrehung über dem Horizont und die Rotation der Erde um ihre Achse zusammen?

Blick vom Mond auf die Erde

Hinweise auf die Kugelgestalt. Wenn du bei guter Sicht auf einer weiten Ebene stehst, hast du den Eindruck, auf einer ebenen Fläche zu stehen und nicht auf einer Kugel! Aber wenn du genau beobachtest, kannst du der Kugelgestalt der Erde auf die Spur kommen. Besonders einfach geht es am Meer oder einem großen Binnensee: Wenn du sich entfernende Schiffe mit dem Fernglas verfolgst, bemerkst du, dass zunächst ihr Rumpf „unter dem Horizont" verschwindet. Die Aufbauten und Masten kannst du noch viel länger sehen. Besonders eindrucksvoll ist dieser Effekt, wenn du ins Wasser gehst, sodass du eintauchen kannst, bis sich deine Augen dicht über der Wasseroberfläche befinden. Dann werden auch nähere Schiffe oder das gegenüberliegende Ufer unsichtbar: Das Wasser wölbt sich wie ein Berg vor deinen Augen, und du kannst nur noch 800 m weit sehen.

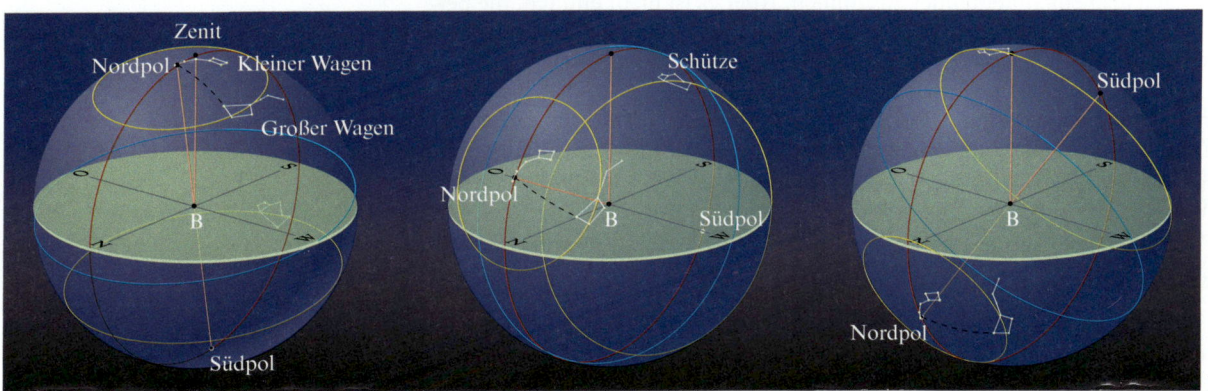

1

Besonders deutlich kann man die Kugelgestalt der Erde bemerken, wenn man bei weiten Reisen auf den Himmel achtet: Bei einer Reise nach Süden kippt der ganze Sternenhimmel so, dass der Polarstern immer tiefer zum Horizont sinkt. Wenn man den Äquator überquert, verschwindet er sogar unter dem Horizont, und Sternbilder stehen nun auf dem Kopf – oder ist man es selbst, der kopfüber „an der Erdkugel hängt"?

Der Himmel „reagiert" auf die Reise des Beobachters von Norden nach Süden: So sieht ein Reisender den Himmel zur selben Uhrzeit, wenn er sich bei den geografischen Breiten 80°, 25° bzw. –30° befindet.

2

3

Orion –
links: gesehen von der Nordhalbkugel;
rechts: von der Südhalbkugel

Weil die Erde eine Kugel ist, sieht der Sternenhimmel für Beobachter an Orten unterschiedlicher geografischer Breite verschieden aus: Je weiter nördlich sich die Beobachter befinden, desto höher steht der Polarstern über dem Horizont.

Bei einer Reise nach Osten bemerkt man die Kugelgestalt der Erde daran, dass die Sterne immer früher aufgehen, wenn man seine Uhr nicht umstellt. Sterne, die zu Hause vielleicht gerade aufgehen, stehen dann weiter im Osten um dieselbe Uhrzeit bereits hoch am Himmel. Man braucht aber gar nicht nach Osten zu reisen, um die Sterne höher steigen zu sehen; man muss nur warten. Dann „reist" man durch die Drehung der Erde nach Osten!

> Die Drehung des Sternenhimmels von Ost nach West entsteht dadurch, dass sich die Erde von Westen nach Osten dreht.

Die Bewegungen des Sternenhimmels und die Bewegungen auf der Erde hängen also eng miteinander zusammen. Aber es ist nicht einfach, die beiden Bewegungen ineinander zu „übersetzen": Was bedeutet die beobachtete Bewegung des Sternenhimmels für die eigene Bewegung?

Für einen Beobachter am Nordpol befindet sich der Himmelsnordpol im Zenit: Die Erdachse zeigt also zum Polarstern! Der Himmelsäquator befindet sich für ihn gerade am Horizont. Die Hälfte des Sternenhimmels bleibt ihm deshalb für immer unter dem Horizont verborgen.
Für einen Menschen am Äquator dagegen befinden sich beide Himmelspole gerade am Horizont. Dafür geht der Himmelsäquator durch den Zenit. Im Laufe von 24 Stunden kommen alle Sterne des Sternenhimmels über seinen Horizont. Für alle Sterne vergehen am Äquator genau zwölf Stunden zwischen Auf- und Untergang.

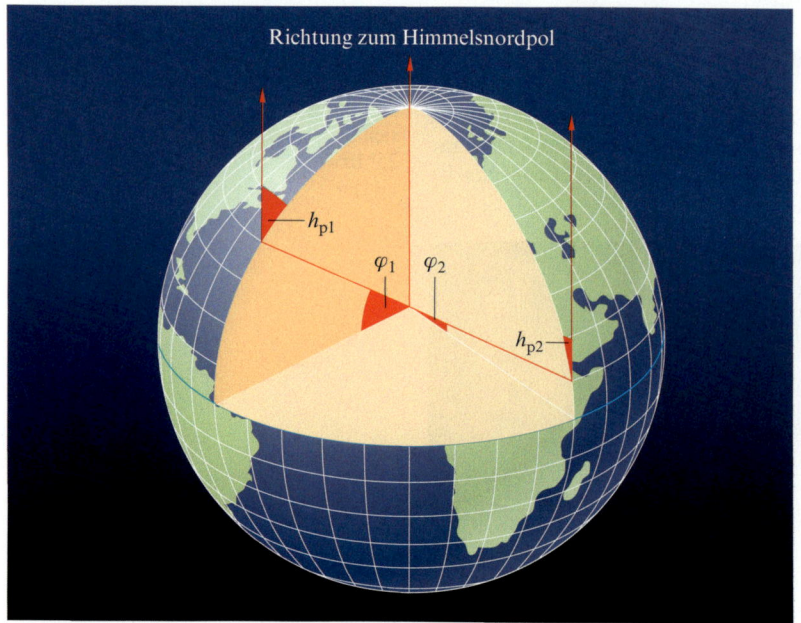

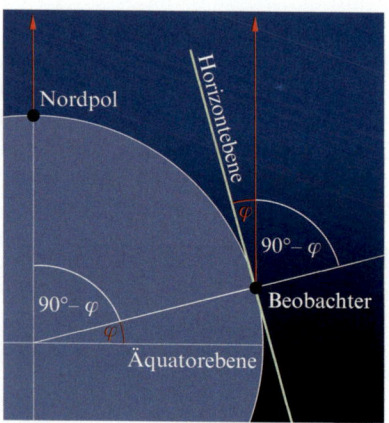

Meridianschnitt durch die Erde

Die Polhöhe h_p über dem Horizont ist an jedem Ort der Erde gleich der geografischen Breite φ dieses Ortes.

> Der Winkel, um den der Polarstern über dem Horizont steht, ist gleich der geografischen Breite des eigenen Standorts.
> Je höher der Polarstern steht, desto flacher verläuft der Himmelsäquator über den Horizont.

Die drehbare Sternkarte

Das Auffinden bekannter Sternbilder ist nicht einfach, wenn man längere Zeit nicht auf den Sternenhimmel geachtet hat: Zu unterschiedlich kann ihre Stellung über dem Horizont sein. Die drehbare Sternkarte ist ein sehr nützliches Hilfsmittel, um sich am Sternenhimmel zurecht zu finden.

Die Sternkarte besteht aus einer Grundscheibe, die den nördlichen Sternenhimmel mit dem Polarstern in der Mitte zeigt. Da dabei die Himmelskugel auf eine Ebene abgebildet wird, sind die Sternbilder umso stärker verzerrt, je weiter sie vom Himmelspol entfernt sind. Über der Grundscheibe lässt sich eine Deckscheibe mit einem „Fenster" drehen. Die beiden Scheiben haben am Rand eine Uhrzeit-, bzw. eine Datumsskala.

Dreht man die Scheiben so, dass das aktuelle Datum und eine bestimmte Uhrzeit zusammenfallen, dann zeigt das Fenster den sichtbaren Himmel für diesen Zeitpunkt.

Horizontkoordinaten. Bei manchen Sternkarten enthält das Sichtbarkeitsfenster zusätzlich zur üblichen Kennzeichnung der Himmelsrichtungen Koordinatenlinien, die es ermöglichen, die Position eines Sterns über dem Horizont ziemlich genau abzulesen (Bild 3).

Die Horizontkoordinaten heißen Höhe und Azimut (Bild 2). Die **Höhe h** ist der Winkel, den die Gerade Beobachter–Gestirn mit der Horizontebene bildet. Das **Azimut A** ist die als Winkel gegen Süden angegebene und im Gradmaß ausgedrückte Himmelsrichtung.

Die Höhe kann über dem Horizont Werte zwischen 0° (Horizont) und 90° (Zenit) annehmen. Sterne unter dem Horizont haben eine negative Höhe. Das Azimut kann alle Winkelwerte annehmen. Zum Beispiel bedeuten $A = 0°$ – Süden, $A = 90°$ – Westen, $A = 180°$ – Norden und $A = 270°$ – Osten. Das Azimut A wird von Süden aus im Uhrzeigersinn gemessen.

Wenn man die aktuellen Werte des Azimuts und der Höhe eines Sterns mithilfe der Sternkarte abschätzt, kann man ihn leicht am Himmel finden.

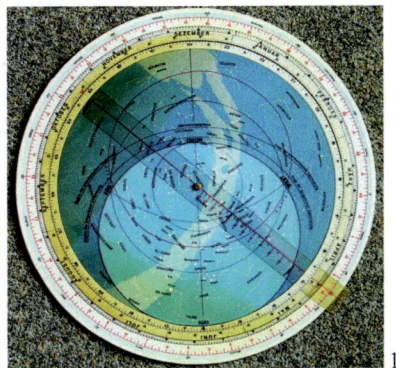

Die drehbare Sternkarte zeigt für jede Uhrzeit und für jeden Tag des Jahres den sichtbaren Sternenhimmel. Mit ihrer Hilfe können bekannte und unbekannte Sternbilder am Himmel aufgefunden werden.

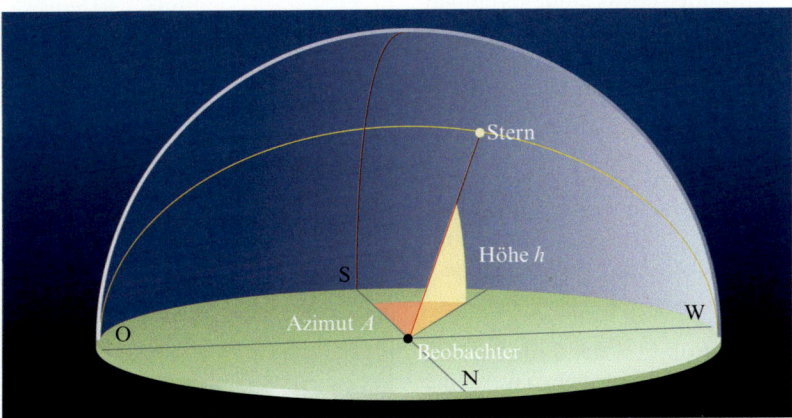

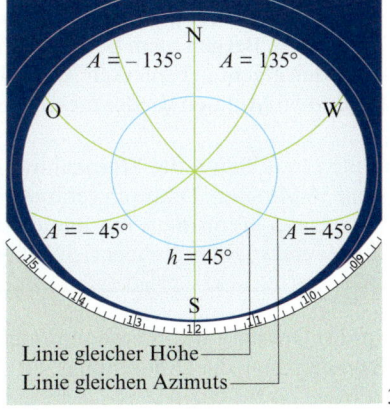

Sichtfenster

Gebrauch der Sternkarte. Um die richtig eingestellte Sternkarte zur Orientierung am Sternenhimmel zu benutzen, müsste man sie eigentlich so über sich halten, dass die auf dem Kartenhorizont angegebenen Himmelsrichtungen mit denen in der Natur übereinstimmen. Diese Unbequemlichkeit lässt sich aber vermeiden: Der Beobachter hält die eingestellte Karte senkrecht so vor sich, dass die Himmelsrichtung, in die er blickt, auf der Karte nach unten zeigt. Dann stimmen der Sternenhimmel vor ihm und der untere Teil des Himmels im Sichtbarkeitsfenster der Sternkarte überein.

Die auf der Uhrzeitskala angegebenen Uhrzeiten sind **Ortszeiten,** die für jeden Ort – genauer: für jeden Längenkreis – unterschiedlich sind. Die **Mitteleuropäische Zeit MEZ** ist die Ortszeit für 15° östlicher Länge. Weil sich die 24 Stunden des Tages auf die 360° des Erdumfangs verteilen, unterscheiden sich die Ortszeiten bei 15° Längenunterschied um eine Stunde. Um den Unterschied der eigenen Ortszeit von der MEZ bestimmen zu können, muss man die eigene geografische Länge kennen: Für jedes Grad Abweichung von 15° ergibt sich eine Differenz von 4 Minuten.

Die Sternkarte als Modell des Himmels. Mit der drehbaren Sternkarte lassen sich viele Eigenschaften des Sternenhimmels und seiner Bewegung veranschaulichen: Sie zeigt z. B., wie die Dauer, die ein Stern über dem Horizont ist, und die Höhe, die er erreichen kann, von seiner Deklination abhängen. Und: Wie man bei der Beobachtung des Sternenhimmels nicht unterscheiden kann, ob sich der Himmel dreht oder die Erde, so ist es bei der Sternkarte gleichgültig, ob die Deckscheibe *im* Uhrzeigersinn oder die Grundscheibe um denselben Winkel *dagegen* gedreht wird.

Beispiel
Berlin hat eine geografische Länge von etwa $\lambda = 13{,}5°$. Es liegt also 1,5° westlich des 15. Längengrades. Seine Ortszeit geht also um $1{,}5 \cdot 4\,\text{min} = 6\,\text{min}$ gegenüber der dortigen Ortszeit *nach.* Wenn man also in Berlin mit der Sternkarte den Himmelsanblick um 22 Uhr MEZ genau einstellen will, muss man die Ortszeit auf 21.54 Uhr stellen. Für andere deutsche Städte ergeben sich Zeitdifferenzen bis zu 36 Minuten.

Die jährliche Veränderung des Himmelsanblicks

Die Skalen der Sternkarte zeigen, dass dieselbe Einstellung für den 15. Januar um 22 Uhr, für den 15. Februar um 20 Uhr und für den 17. März um 18 Uhr gilt (Bild 1). Die drehbare Sternkarte zeigt also, dass dieselbe Stellung des Sternenhimmels über dem Horizont im Laufe des Jahres immer früher erreicht wird – jeden Monat um etwa zwei Stunden früher.
Wenn man umgekehrt abends immer um dieselbe Uhrzeit zum Himmel sieht, dann hat er sich immer etwas weitergedreht – jeden Monat um etwa 30°. Besonders gut lässt sich das am Großen Wagen beobachten, der als zirkumpolares Sternbild das ganze Jahr zu beobachten ist (Bild 2).
Wenn sich aber der Sternenhimmel nach 24 Stunden etwas mehr als einmal gedreht hat, benötigt er für eine vollständige Umdrehung weniger als 24 Stunden. Bei genauem Beobachten kannst du schon in zwei aufeinander folgenden Nächten bemerken: Derselbe Stern erreicht bereits nach 23 Stunden und 56 Minuten wieder dieselbe Stellung!

Skalen der drehbaren Sternkarte

> Eine Umdrehung des Sternenhimmels dauert recht genau 23 Stunden und 56 Minuten. Dadurch verändert sich der Sternenhimmel von Tag zu Tag etwas, wenn man ihn immer um dieselbe Uhrzeit betrachtet. Im Laufe eines Jahres dreht er sich dabei einmal vollständig um seine Achse.

Da die Drehung des Sternenhimmels auf der Rotation der Erde beruht, kann nun auch die Umdrehungszeit der Erde genauer angegeben werden.

> Die Erde dreht sich in 23 Stunden und 56 Minuten einmal um ihre Achse.

Sternbilder für jede Jahreszeit. Die Veränderung des Sternenhimmels im Laufe eines Jahres ist der Grund dafür, dass es so genannte Frühlings-, Sommer-, Herbst- und Wintersternbilder gibt. Orion und die Zwillinge sind im Januar besonders gut zu beobachten, (etwa zwischen 20 Uhr und 22 Uhr). Für Löwe und Bootes gilt das im April. Jeweils ein halbes Jahr später sind sie dann gar nicht zu sehen: Sie sind tagsüber am Himmel.

Die abendliche Stellung des Großen Wagens im Laufe des Jahres.

Beobachtungen und Messungen am Sternenhimmel

AUFTRAG 1
Beobachte die „tägliche" Drehung des Sternenhimmels. Sieh dazu im Laufe eines sternklaren Abends, jeweils im Abstand von etwa einer halben Stunde von demselben Beobachtungsort zum Himmel! Besonders kleine Veränderungen kannst du bemerken, wenn du auf die Stellung heller Sterne in Bezug auf nahe Gegenstände der Umgebung (Häuser, Schornsteine, Bäume usw.) achtest.
1. Finde mithilfe des Großen Wagens den Polarstern und damit die Nordrichtung. Präge dir die Richtung der Verbindungslinie von den hinteren Kastensternen des Wagens zum Polarstern ein.
2. Versuche zu beobachten, dass Sterne im Osten höher steigen. Vielleicht siehst du dabei auch einen Stern aufgehen. Du kannst auch versuchen, am Westhorizont untergehende Sterne zu verfolgen.
3. Achte auch auf Sterne, die im Süden durch den Meridian oder über dir durch den Zenit gehen.

AUFTRAG 2
Versuche, die jahreszeitliche Veränderung des Sternenhimmels wahrzunehmen!
1. Beobachte den Sternenhimmel, im Abstand von etwa zwei Wochen, immer um dieselbe Uhrzeit. Achte dabei auf die Stellung des Großen Wagens. Besonders deutlich du die Veränderung an auf- oder untergehenden Sternbildern bemerken.
2. Sogar schon von einem Abend auf den folgenden kannst du die Veränderung feststellen! Suche dir dazu einen hellen Stern aus und stelle dich so, dass er gerade hinter einem Gegenstand der Umgebung verschwindet oder auftaucht. Merke dir genau (!) deinen Standpunkt und die Uhrzeit! Am folgenden Tage kannst du dann auf die Minute, vielleicht sogar auf die Sekunde genau messen, um wie viel das Ereignis früher eintritt.

AUFTRAG 3
Um aus der Beobachtung des Sternenhimmels auf den eigenen Standort auf der Erde schließen zu können, müssen am Himmel Winkel gemessen werden. Schon mit deiner Hand kannst du recht genaue Ergebnisse erzielen (Bild 1).
1. Übe die Winkelmessung mit der Hand am Großen Wagen. Die Ergebnisse, die du dort erzielen kannst, zeigt Bild 2.
2. Miss die ungefähre Höhe des Polarsterns über dem Horizont.
3. Verfolge und miss die sich ändernden Werte von Azimut und Höhe einiger Sterne.
4. Stimmen deine Messwerte mit der Anzeige einer drehbaren Sternkarte überein? Kannst du eine Abweichung deiner Ortszeit von der Mitteleuropäischen Zeit feststellen?

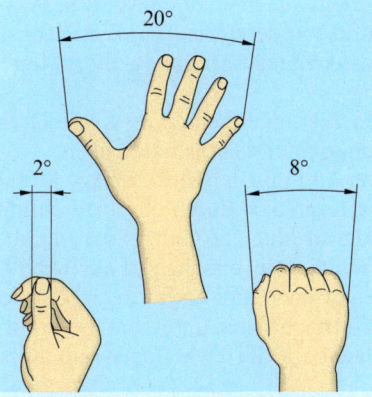

Winkelmessungen mit der eigenen Hand. Abstände zwischen Sternen an der Himmelskugel werden als Winkel angegeben. Ganz ohne Winkelmessgerät, nur mit deiner Hand, kannst du recht genaue Messungen am Himmel vornehmen. Weil Arm, Hände und Finger im gleichen Verhältnis wachsen, wenn du älter wirst, gelten die Angaben recht gut für jedes Alter und für jede Körpergröße.

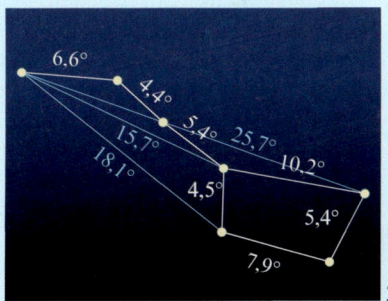

Winkelabstände zwischen den Sternen des Großen Wagens

Schon mit einem einfachen Fotoapparat kannst du eindrucksvolle Bilder der Himmelsdrehung aufnehmen! Er muss allerdings die Möglichkeit bieten, Bilder *beliebig lange (B)* zu belichten. Geeignet ist ein Film, am besten ein Diafilm, mit der Empfindlichkeit 200 ASA oder 400 ASA. Stelle die Fotokamera auf ein Stativ oder gib ihr anders einen festen Halt.
Für die ersten Versuche kannst du die Kamera einfach auf den Boden legen und so die Umgebung des Zenits fotografieren. Richte die Kamera auf den Polarstern, um die Kreisbewegung um den Himmelspol zu fotografieren. Wenn du Polarstern und Großen Wagen auf dasselbe Bild bekommen möchtest, sollte die Brennweite des Objektivs nicht größer als 40 mm sein.

AUFTRAG 4
Versuche, Spuren von aufgehenden, kulminierenden, untergehenden und über den Nordhorizont sich bewegenden Sternen aufzunehmen! Beginne mit einer Belichtungszeit von einer Minute. Verdopple die Zeit dann schrittweise bis zu einer halben Stunde!

Die Rotation der Erde

Jeder weiß es, aber es ist nicht einfach zu glauben und noch schwieriger zu fühlen: Die Erde ist eine Kugel. Was denkst du, wenn du an die Antipoden auf der anderen Seite der Erde denkst? Was fühlst du, wenn du dir vorstellst, dass vielleicht gerade du selbst „unten""auf" der Erde bist?

Noch weniger gelingt es, an die Drehung der Erde um ihre Achse zu glauben, sich in sie hineinzudenken!
Der Umfang der Erde beträgt 40 000 Kilometer. Die Menschen am Äquator legen also durch die Erddrehung täglich diese Strecke zurück, d. h. in jeder Stunde 1667 km: „Schneller als der Schall!" Und nichts ist davon zu spüren, kein bisschen „Fahrtwind"! Und warum kann man einen hoch geworfenen Ball noch fangen, der doch während seines Flugs, weil sich die Erde nach Osten unter ihm wegdreht, längst in des übernächsten westlichen Nachbars Garten geflogen sein müsste?

Tatsächlich hat es sehr lange gedauert, bis sich die Menschheit von der unmittelbaren Wahrnehmung „Wir stehen fest auf der ruhenden Erde, und der Himmel dreht sich über uns." lösen und die Bewegung der Erde denken konnte. Zwar hatte schon lange vor Christi Geburt der große griechische Denker ARISTARCH VON SAMOS diese Idee. Sie setzte sich aber nicht durch, weil sie zu sehr der Anschauung widersprach. Selbst als NIKOLAUS KOPERNIKUS sie 1548, also fast 2000 Jahre später, wieder aufgriff und mathematisch untermauerte, dauerte es noch über 100 Jahre, bis zumindest alle Gelehrten von ihrer Richtigkeit überzeugt waren.

Anders als die Menschen der damaligen Zeit sind wir heute mit schnellen Bewegungen vertraut. Jeder hat schon einmal, z. B. in einem schnell fahrenden Zug, die Erfahrung gemacht, dass Gegenstände trotz der hohen Geschwindigkeit senkrecht nach unten fallen und Wasser wie gewohnt aus der Flasche in ein Glas fließt. Der Gegenstand nimmt eben bereits vor dem Fall, das Wasser schon in der Flasche an der schnellen Bewegung teil – sie werden gleichsam in Fahrtrichtung *geworfen*!

Dass ein Apfel senkrecht vom Baume fällt, ist deshalb kein Einwand gegen die Rotation der Erde. Erst NEWTON wies 1679 darauf hin, dass Fallbewegungen möglicherweise sogar den Beweis für die Erddrehung liefern könnten: Hat nicht ein Stein, der von einem sehr hohen Turm fällt, da oben (da „außen") eine viel schnellere Bewegung als der Boden, auf den er fallen wird? Müsste nicht also die Turmspitze den Stein vorausschleudern, sodass er nicht nach Westen zurückbleibt, auch nicht senkrecht nach unten fällt, sondern sogar östlich des Fußpunktes auftrifft?"

Der Effekt ist allerdings so klein, dass es erst 1804 gelang, in einem 85 m tiefen Bergwerkschacht eine Ostabweichung von 11,5 mm nachzuweisen. Damit war endlich gezeigt:
Die Erde dreht sich tatsächlich!

Die Ostabweichung beim freien Fall hängt sehr stark von der Fallhöhe ab:

Fallhöhe	10 m	20 m	50 m	100 m	150 m
Ostabweichung	0,5 mm	1,3 mm	5,0 mm	14,0 mm	25,9 mm

1

Der Mathematiker LEONHARD EULER beschreibt in einem Brief an eine Schülerin die Schwierigkeit, sich in die Lage unserer Antipoden hineinzudenken:
„Also müßte der Antipode wohl vielleicht Haken an seinen Schuhen haben …; aber er hat keine … Ja, so wie wir uns einbilden oben auf der Erde zu seyn, so bildet es sich der Antipode auch ein und glaubt, daß wir unten sind. Vielleicht ist ihm eben so bange um uns als uns für ihn ist … In der That, wenn sich jemand an der Decke eines Zimmers mit den Füßen halten wollte, so müßten die Haken an seinen Schuhen sehr stark seyn, und bey alle dem würde er doch eine sehr traurige Figur vorstellen …
Aber wohin sollten die armen Antipoden fallen?… Sie fallen wie wir gegen die Erde zu; und doch bilden sie sich ein, nach unten zu fallen. – Allenthalben wo wir uns auf der Erde befinden, ist unten da, wohin die Körper fallen."

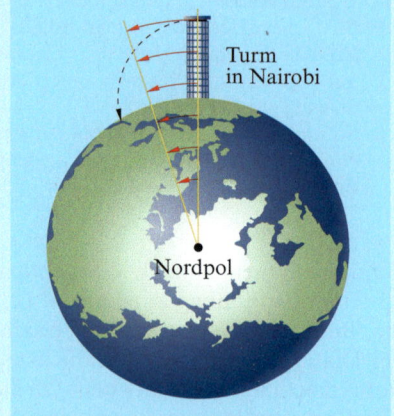

2

Von hohen Türmen fallende Gegenstände werden durch die Erddrehung nach vorn, also nach Osten, „geschleudert".

AUFGABEN

1. Finde in deinem Klassenzimmer, auf dem Schulhof und bei dir zu Hause Süden und die anderen Himmelsrichtungen! Wie verläuft an diesen Orten der Meridian?
2. Nenne die beobachtbaren Phänomene, die auf die Kugelgestalt der Erde hinweisen!
3. Zwei Freunde in Europa und Südafrika (Europa und Westküste der USA) telefonieren miteinander, während sie den Sternenhimmel beobachten, und beschreiben sich gegenseitig ihre Beobachtungen. Welche Gemeinsamkeiten und welche Unterschiede stellen sie fest?
4. Sven beobachtet um 20:16:00 Uhr, dass ein heller Stern hinter einer senkrechten Hauskante verschwindet. Fünf Tage später sieht Sven von genau derselben Stelle aus den Stern um 19:56:20 Uhr verschwinden. Was kann er daraus schließen?
5. Finde mithilfe der drehbaren Sternkarte typische Frühlings-, Sommer-, Herbst- und Wintersternbilder!
6. Um wie viel Uhr kulminiert das Sternbild Orion am 1. jedes Monats des Jahres? Um wie viel Uhr geht das „Siebengestirn", der Sternhaufen der Plejaden, an diesen Tagen auf?
7. Finde mithilfe der drehbaren Sternkarte Sternbilder, die in Deutschland zirkumpolar sind!
8. Erläutere mit der drehbaren Sternkarte, dass man durch Blick zum Himmel nicht entscheiden kann, ob sich der Himmel über dem Horizont dreht oder die Erde unter dem Himmel in der entgegengesetzten Richtung!

9. Um wie viel Minuten unterscheidet sich an deinem Wohnort die Ortszeit von der Mitteleuropäischen Zeit MEZ, bzw. im Sommerhalbjahr von der Mitteleuropäischen Sommerzeit MESZ?
10. Beschreibe den Anblick des Sternhimmels heute abend, 21 Uhr! Gib an, welche Sternbilder am Süd-, West-, Nord- und Osthimmel und welche in der Nähe des Zenits zu sehen sein werden!
11. Am 1. Oktober um 19.30 Uhr befindet sich ein heller Stern genau im Süden. Wie heißt er und zu welchem Sternbild gehört er?
12. Begründe den Zusammenhang zwischen der geografischen Breite φ des Beobachtungsortes und der Deklination δ der dort zirkumpolaren Sterne. Zeichne dazu in einen Schnitt durch die Himmelskugel entlang der Meridianebene die Rotationsachse, den Himmelsäquator und einen Stern beliebiger Deklination ein. Welche Höhe erreicht der Himmelsäquator im Süden?
13. Welche Zeitspanne benötigt die Erde, um bei ihrer Rotation um die eigene Achse einen Winkel von 90° (15°; 1°) zurückzulegen?
14. Wie verlaufen die scheinbaren täglichen Bahnen der Gestirne für Beobachter am Erdäquator (-nordpol)?
15. Beobachter in Rostock und Budapest visieren am gleichen Tage und zum gleichen Zeitpunkt den Stern Sirius an. Sie stellen folgende Koordinaten fest:
    Rostock: Azimut $A = 26°$, Höhe $h = 16°$
    Budapest: Azimut $A = 34°$, Höhe $h = 20°$
    Erkläre, weshalb die Koordinaten so große Unterschiede aufweisen!

ZUSAMMENFASSUNG

Blick von der Erde zum Himmel

In 23h56min dreht sich der Himmel einmal um eine Achse von Ost nach West. Die Achse geht durch den Beobachter und ungefähr durch den Polarstern.

Am Nordpol steht der Polarstern im Zenit. Der Himmelsäquator verläuft entlang des Horizonts. Es ist immer dieselbe Hälfte des Himmels zu sehen.

Am Äquator steht der Polarstern gerade am Horizont, der Himmelsäquator geht durch den Zenit. Im Laufe von 24 Stunden kommen alle Sterne des Himmels für 12 Stunden über den Horizont.

Das Sternbild Orion ist ein Wintersternbild.

Blick von außen auf die Erde

In 23h56min dreht sich die Erde einmal um ihre Achse von Westen nach Osten. Die Rotationsachse geht durch den geografischen Nordpol und den geografischen Südpol.

Vom Polarstern aus ist nur die Nordhalbkugel der Erde zu sehen.

Aus Richtung der Sterne des Himmelsäquators werden im Laufe von 24 Stunden alle Teile der Erde sichtbar.

In den Wintermonaten ist aus Richtung des Sternbildes Orion die Nachthälfte der Erde zu sehen.

„Im Osten geht die Sonne auf, im Süden nimmt sie ihren Lauf, im Westen wird sie untergeh'n, im Norden ist sie nie zu seh'n." Dieser Kinderspruch stimmt nur ungefähr. Tatsächlich geht die Sonne nur an zwei Tagen im Jahr, bei Frühlings- und Herbstanfang, genau im Osten auf.
Bis Sommeranfang am 21. Juni geht sie immer weiter nördlich auf.

1.6.2003   4.6.2003   1.7.2003   14.7.2003   1

Der Tageslauf der Sonne und seine jahreszeitliche Veränderung

Wenn du im Laufe zweier Wochen den Sonnenauf- oder den Sonnenuntergang beobachtest und dir von einem bestimmten Beobachtungsplatz aus genau den Auf- oder Untergangspunkt merkst, wirst du feststellen, dass sich dieser in einer Richtung verschiebt. Auch die zugehörige Uhrzeit ist bereits in wenigen Tagen deutlich verändert.

Die Sonne ist so hell, dass es den Augen schadet, direkt hineinzusehen. Ihre genaue Position am Himmel kann deshalb nicht wie bei einem Stern gemessen werden. Aber die Schatten aller Gegenstände im Sonnenlicht zeigen genau von der Sonne weg. So kannst du an deinem eigenen Schatten die Höhe der Sonne über dem Horizont messen und sogar ihr Azimut, wenn du die genaue Südrichtung kennst.

Schattenstab. Um herauszufinden, auf welcher Bahn die Sonne über den Taghimmel wandert, kann man den Schatten eines Stabes verfolgen, der senkrecht auf einer horizontalen Fläche steht. Dabei zeigt sich, dass der kürzeste Schatten immer genau nach Norden zeigt. Aber Lage und Form der Linie, die das Schattenende im Laufe des Tages durchläuft, hängen von der Jahreszeit ab.

Übrigens

In den Tagen um den Frühlingsanfang und um den Herbstanfang ändern sich Richtung und Uhrzeit von Sonnenauf- und -untergang am schnellsten.

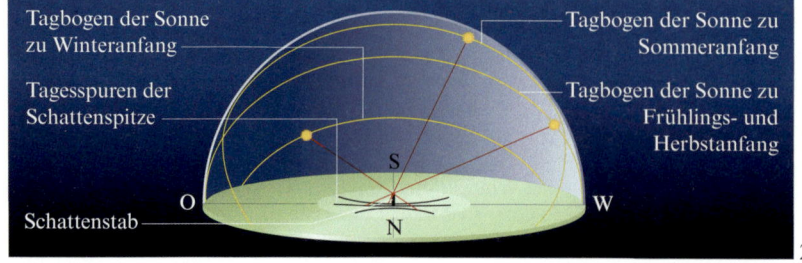

Tagbogen der Sonne zu Winteranfang

Tagbogen der Sonne zu Sommeranfang

Tagesspuren der Schattenspitze

Tagbogen der Sonne zu Frühlings- und Herbstanfang

S

O   W

Schattenstab

N

2

Wenn man solche Messungen im Laufe des Jahres mehrmals wiederholt, stellt man fest, dass die Tagbögen der Sonne alle zueinander parallel sind. Zu Sommeranfang erreicht die Sonne die größte Höhe über dem Horizont. Sie geht dann im Nordosten auf und etwa 16 Stunden später im Nordwesten wieder unter. Zu Winteranfang durchläuft sie den kleinsten und flachsten Bogen: Sie geht im Südosten auf und bereits nach etwa 8 Stunden im Südwesten wieder unter. Zu Frühlings- und Herbstanfang ist sie genau 12 Stunden über dem Horizont. An diesen Tagen geht sie genau im Osten auf und im Westen unter.

Jahreszeiten. Je länger die Sonne über dem Horizont ist, desto wärmer wird es: Es wird Sommer. Hinzu kommt, dass die Sonne im Sommer viel höher am Himmel steht. Das hat zur Folge, dass ein gleich dickes Bündel von Sonnenstrahlen im Sommer auf eine viel kleinere Fläche auf der Erde trifft als im Winter. Auf eine bestimmte horizontale Fläche trifft also im Sommer viel mehr Energie von der Sonne als im Winter.

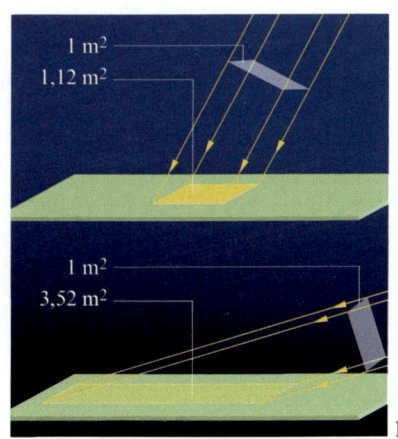

Im Sommer (oben) trifft dieselbe Energie auf eine viel kleinere Fläche als im Winter (unten).

Die Wanderung der Sonne über den Sternenhimmel

Auch die Sonne nimmt an der täglichen Drehung der Himmelskugel teil. Das überrascht nicht, wenn man bedenkt, dass diese Drehung ja auf die Rotation der Erde um ihre Achse zurückzuführen ist. Allerdings durchläuft die Sonne nicht wie ein Stern jeden Tag denselben Tagbogen. Ihre unterschiedlichen Tagbögen zeigen, dass sich die Position der Sonne in Bezug auf den Himmelsäquator, ihre Deklination also, im Laufe des Jahres verändert.

> Im Sommerhalbjahr befindet sich die Sonne nördlich des Himmelsäquators, ihre Deklination ist positiv. Im Winterhalbjahr dagegen steht sie südlich des Himmelsäquators. Zu Frühlings- und Herbstanfang steht die Sonne genau auf dem Himmelsäquator.

Die Sonne am Sternenhimmel. Wie kann man die Position der Sonne am Sternenhimmel genau bestimmen? Wenn sie am Himmel steht, scheint sie so hell, dass keine Sterne sichtbar sind. Aber mit einer drehbaren Sternkarte kann man herausfinden, welche Sterne gerade am Himmel stehen! Man muss also nur die Höhe der Sonne über dem Horizont messen, wenn sie genau im Süden steht, und sich die Uhrzeit merken. Dann kann man die Sternkarte entsprechend einstellen und mithilfe des Zeigers die Position der Sonne vor dem Sternenhimmel finden.

Beispiel zur Bestimmung der Position der Sonne

In Berlin (geografische Länge 13,5°) steht die Sonne am 30. Mai um 13.04 Uhr MESZ genau im Süden. Ihre Kulminationshöhe beträgt 62°. An welcher Stelle des Sternenhimmels steht sie?

Lösung: Da der Ort 1,5° ≙ 6 min westlich des 15. Längengrades liegt, ist es 11.58 Uhr Ortszeit. Wenn man das Datum mit dieser Uhrzeit an der drehbaren Sternkarte einstellt, erkennt man, dass gerade der Kopf des Sternbildes Stier durch den Meridian geht und die gleiche Höhe über dem Horizont hat wie die Sonne.

Übrigens

Von Ende März bis Ende Oktober gilt bei uns die Mitteleuropäische Sommerzeit (MESZ):
MESZ = MEZ + 1 h.

Wenn man das im Laufe eines Jahres mehrfach wiederholt, entsteht auf der Sternkarte allmählich die jährliche scheinbare Bahn der Sonne über den Sternenhimmel – die so genannte **Ekliptik.** In die meisten Sternkarten ist sie bereits eingetragen. Auf einem Himmelsglobus stellt die Ekliptik einen Kreis dar, der den Himmelsäquator in einem Winkel von 23,5° schneidet.

> Die Sonne wandert im Laufe des Jahres entlang der Ekliptik über den Sternenhimmel. Je größer dabei ihre Deklination wird, desto länger werden die Tage. Durch ihre Wanderung von West nach Ost dauert ein „Sonnentag" länger als ein „Sterntag" (Zeit zwischen zwei Meridiandurchgängen der Sonne bzw. eines Sternes).

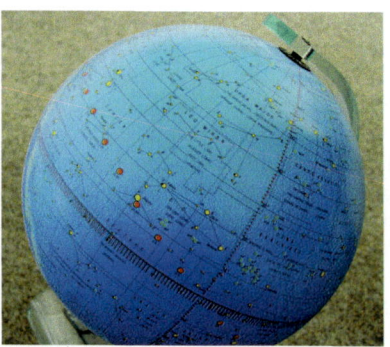

Die Ekliptik auf einem Himmelsglobus

Die Rektaszension. Die Position einer Stadt auf der Erde wird durch ihre geografische Breite und durch ihre geografische Länge beschrieben. Ebenso braucht man für ein Objekt am Himmel neben der Deklination (seiner „Breite") einen weiteren Winkel, um ihn in eine Sternkarte eintragen zu können. Dieser „Längenwinkel", die so genannte Rektaszension, wird entlang des Himmelsäquators entgegen der täglichen Drehung des Himmels gemessen. Bezugspunkt der Rektaszension ist die Stelle, an der die Sonne am Frühlingsanfang den Äquator nach Norden überquert, der so genannte **Frühlingspunkt.** Die Rektaszension wird im Zeitmaß (h, min, s) angegeben. Dabei gilt: $360° \cong 24\,h$, $15° \cong 1\,h$, $1° \cong 4\,min$.

Durch Rektaszension und Deklination entsteht am Himmel ein Netz aus gedachten Linien. Man kann es sich entstanden denken durch eine Lampe im Erdmittelpunkt, die zu einem bestimmten Zeitpunkt die Längen- und Breitenkreise der Erde an den Himmel projiziert hat.

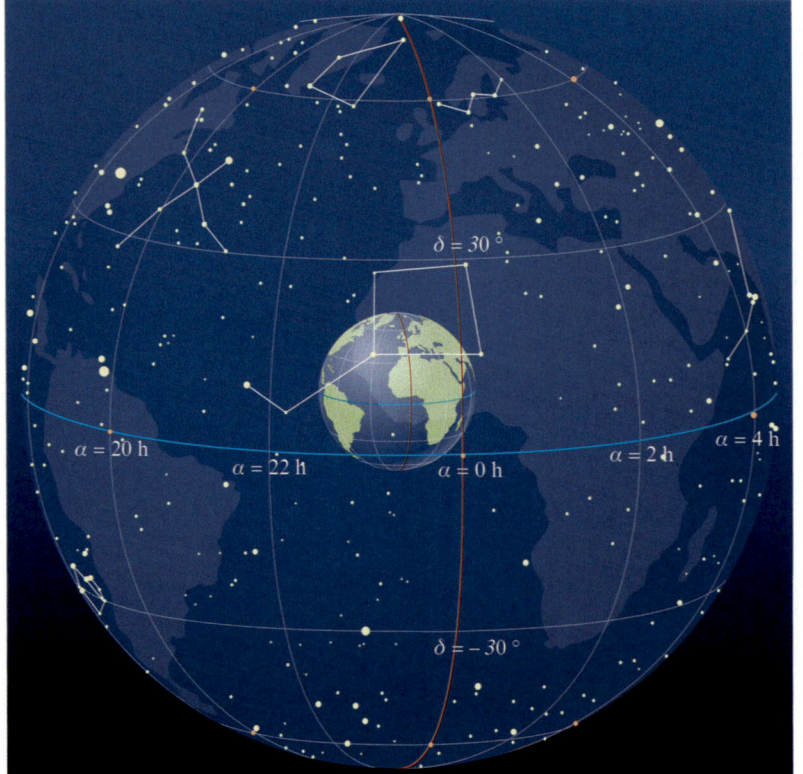

Das Gradnetz der scheinbaren Himmelskugel kann man sich entstanden denken durch die Projektion der Längen- und Breitenkreise der Erde an den Himmel zu einer bestimmten Uhrzeit.

Die Jahreszeiten auf der Nord- und Südhalbkugel. Der unterschiedliche Lauf der Sonne über den Himmel hängt mit der Veränderung ihrer Position in Bezug auf den Himmelsäquator zusammen. Wenn ihre Deklination groß ist, dann steht die Sonne auf der Nordhalbkugel besonders hoch am Himmel. Auf der Südhalbkugel kommt sie dann nur knapp über den Horizont. Deshalb ist auf der Südhalbkugel Winter, wenn bei uns Sommer ist – und umgekehrt.

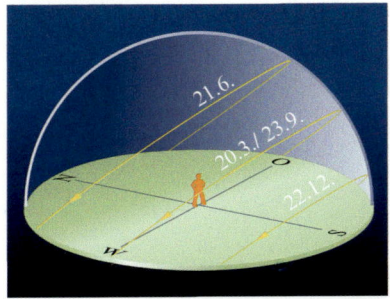 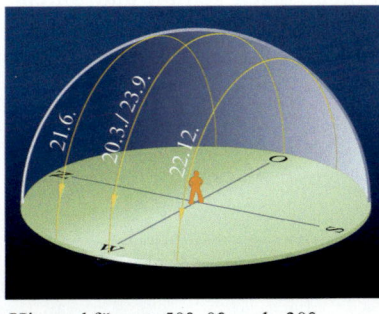 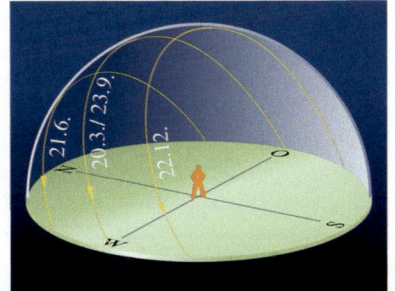

Die tägliche Bewegung der Sonne über den Himmel für $\varphi = 50°$, $0°$ und $-30°$, jeweils für Winter-, Frühlings-, Sommer- und Herbstanfang

Der Lauf der Erde um die Sonne

Auf ihrer jährlichen Bewegung entlang der Ekliptik durchläuft die Sonne vorwiegend Sternbilder mit Namen von Tieren. Deshalb wird die Ekliptik auch als Tierkreis bezeichnet. Man sagt: „Die Sonne durchläuft den Tierkreis." oder „Die Sonne steht im Löwen." Das Sternbild Löwe ist dann (im Herbst) nicht zu sehen, weil es am Tage gleichzeitig mit der Sonne über dem Horizont steht.

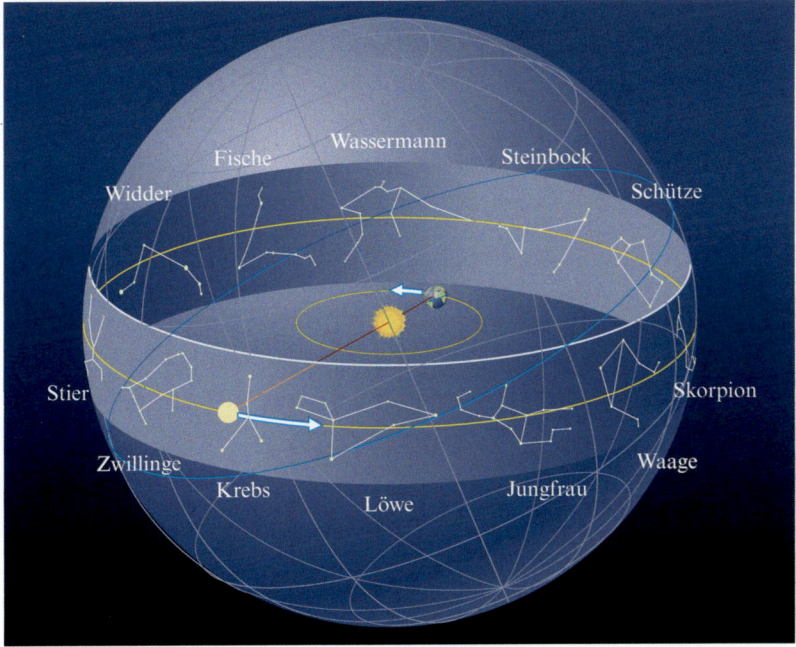

In der Jahresbewegung der Sonne durch den Tierkreis macht sich der Jahreslauf der Erde um die Sonne bemerkbar.

Wenn die Sonne für einen Erdbewohner vor dem Sternbild Schütze steht, dann würde die Erde zur selben Zeit, von der Sonne aus betrachtet, vor dem Sternbild Zwillinge stehen. Und während wir auf der Erde im Laufe eines Jahres den Eindruck haben, die Sonne durchlaufe einmal die Ekliptik, würde ein Beobachter auf der Sonne die Erde, jeweils um ein halbes Jahr versetzt, vor denselben Sternbildern sehen.

Jahrtausende lang haben die Menschen ihren Augen getraut und waren überzeugt, die Sonne umlaufe die Erde. Erst KOPERNIKUS, KEPLER und NEWTON haben im 16. und 17. Jahrhundert herausgefunden, dass umgekehrt sich die Erde um die Sonne bewegt.

> Der jährliche Lauf der Sonne durch die Ekliptik und die jahreszeitliche Veränderung der Sonnenhöhe und der Sonnenscheindauer beruhen darauf, dass die Erde die Sonne umläuft.

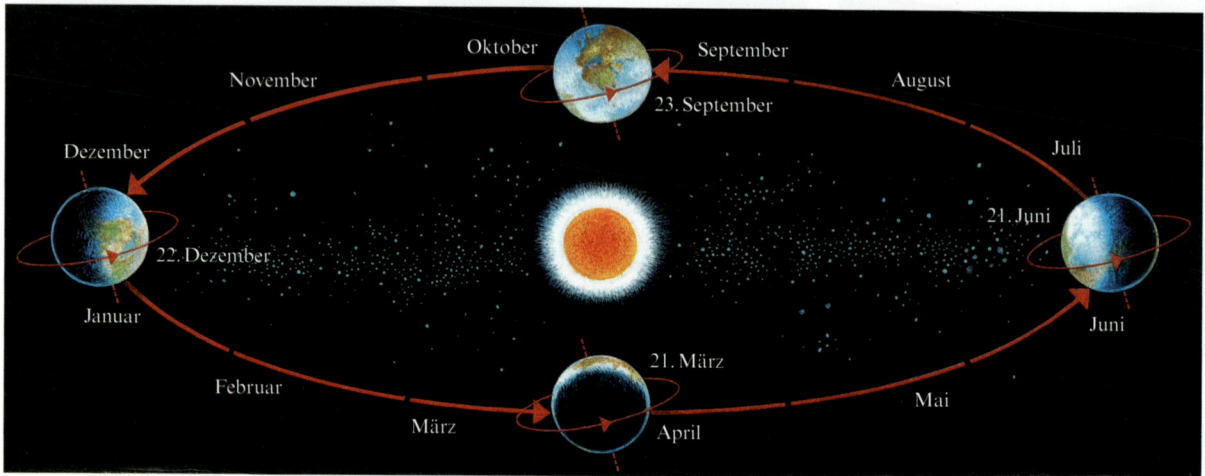

Der Jahreslauf der Erde um die Sonne

Nachdem man das erkannt hatte, konnte man aus den Beobachtungen des Sternenhimmels und der Sonne darauf schließen, wie die Erde die Sonne umläuft:

Beobachtung auf der Erde	Bewegung der Erde
Die Sonne durchläuft im Laufe eines Jahres die Ekliptik.	Die Erde umläuft die Sonne einmal im Jahr.
Die Ekliptik ist ein Kreis an der (scheinbaren) Himmelskugel.	Die Erde umläuft die Sonne in einer Ebene. Die Sternbilder der Ekliptik liegen in der Bahnebene der Erde.
Der Polarstern steht immer an derselben Stelle des Himmels.	Die Rotationsachse der Erde zeigt immer in dieselbe Richtung.
Anfang Juli steht die Sonne auf der Nordhalbkugel besonders hoch am Himmel.	Anfang Juli ist die Nordspitze der Rotationsachse in Richtung Sonne geneigt.
Die Deklination der Sonne schwankt zwischen +23,5° und −23,5°.	Die Rotationsachse der Erde steht nicht senkrecht auf der Bahnebene, sondern bildet mit dieser Senkrechten einen Winkel von 23,5°.

Beobachtungen und Messungen an der Sonne

Mit bloßen Augen darf man nicht direkt in die Sonne sehen! Deshalb werden Beobachtungen und Messungen statt an der Sonne an dem von ihr hervorgerufenen Schatten gemacht.

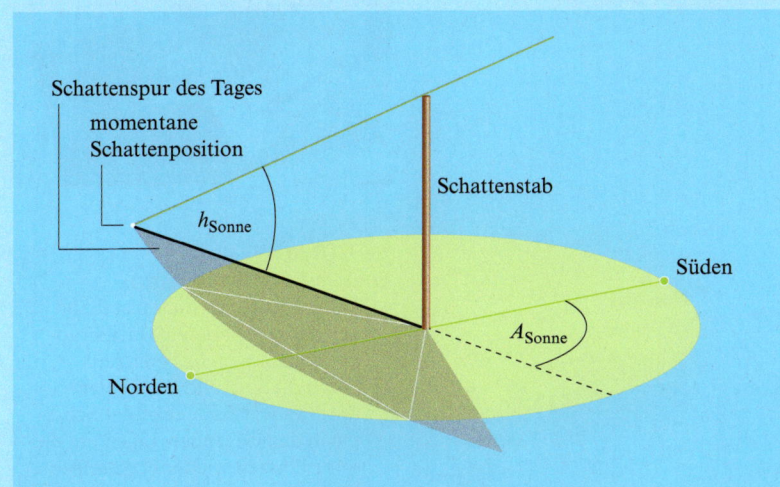

Schattenspur des Tages

momentane Schattenposition

Schattenstab

Süden

h_{Sonne}

A_{Sonne}

Norden

Bestimmung von Südrichtung und Azimut und Höhe der Sonne   1

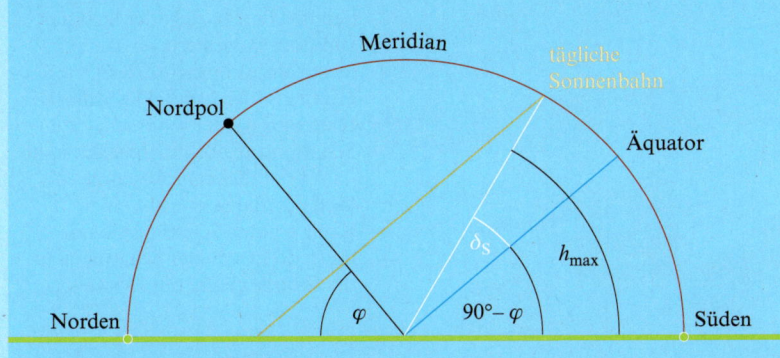

Meridian

tägliche Sonnenbahn

Nordpol

Äquator

δ_S

h_{max}

Norden

φ

$90° - \varphi$

Süden

Zur Bestimmung der Deklination der Sonne   2

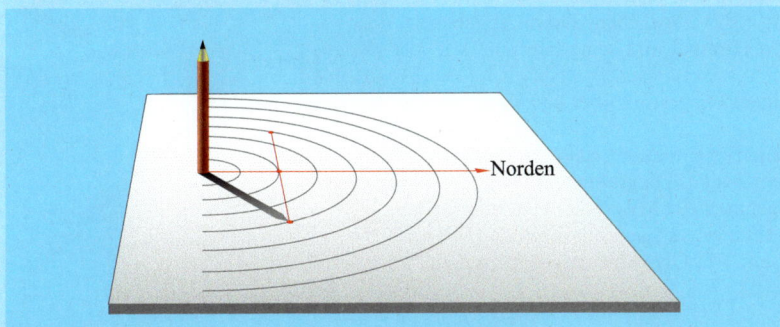

Norden

Die Schnittpunkte liegen symmetrisch zur Nordrichtung.   3

AUFTRAG 1

Ein besonders einfaches Messgerät zur Untersuchung der Sonnenbewegung ist ein Schattenstab, der senkrecht auf einer horizontalen Ebene steht.

1. Markiere in regelmäßigen Abständen, z. B. jede halbe Stunde, die Position des Schattenendes auf dem Boden und kennzeichne die Punkte mit den entsprechenden Uhrzeiten. Wenn du am Ende des Tages die Punkte miteinander verbindest, ergibt sich eine Schattenspur, deren Form für die Jahreszeit charakteristisch ist. Die in Bild 1 gezeigte Form ergibt sich im Sommerhalbjahr.

2. Der kürzeste Schatten zeigt genau nach Norden. Die Richtung des kürzesten Schattens lässt sich allerdings nicht sehr genau bestimmen, weil sich die Schattenlänge um die Mittagszeit nur wenig ändert. Genauer kannst du die Südrichtung messen, wenn du ausnutzt, dass Aufstieg und Abstieg der Sonne völlig symmetrisch verlaufen: Zeichne auf den Boden einen Kreis um den Fußpunkt des Schattenstabes als Mittelpunkt. Der Kreis wird von der Schattenspur so geschnitten, dass die zugehörigen Richtungen symmetrisch zur Nordrichtung liegen (siehe Bilder 1 und 3).

3. Wenn du die genaue Südrichtung kennst, kannst du die Länge des Sonnentages bestimmen: Miss dazu die Zeit, die zwischen zwei Sonnenhöchstständen vergeht.

4. Aus der Länge von Schatten und Schattenstab kannst du zeichnerisch die Höhe der Sonne bestimmen. Und aus der größten Höhe kannst du die Deklination der Sonne berechnen. Dazu musst du die Höhe berücksichtigen, die der Himmelsäquator im Süden hat (Bild 2).

AUFTRAG 2

Mit einem Haushaltssieb oder einer halbkugelförmigen Glasschüssel lässt sich die tägliche Sonnenbahn besonders leicht und anschaulich aufzeichnen (Bild 1): Markiere dazu den Mittelpunkt der Halbkugel. Erzeuge mit einem kleinen Loch in einem Stück Pappe einen „Sonnentaler", das Lochkamerabild der Sonne.

Halte in festen Zeitabständen, z. B. jede halbe Stunde, das Loch so, dass der Sonnentaler genau auf den Mittelpunkt fällt. Markiere die Position des Loches zunächst mit einem Stift und anschließend mit kleinen Sonnenscheibchen.

1

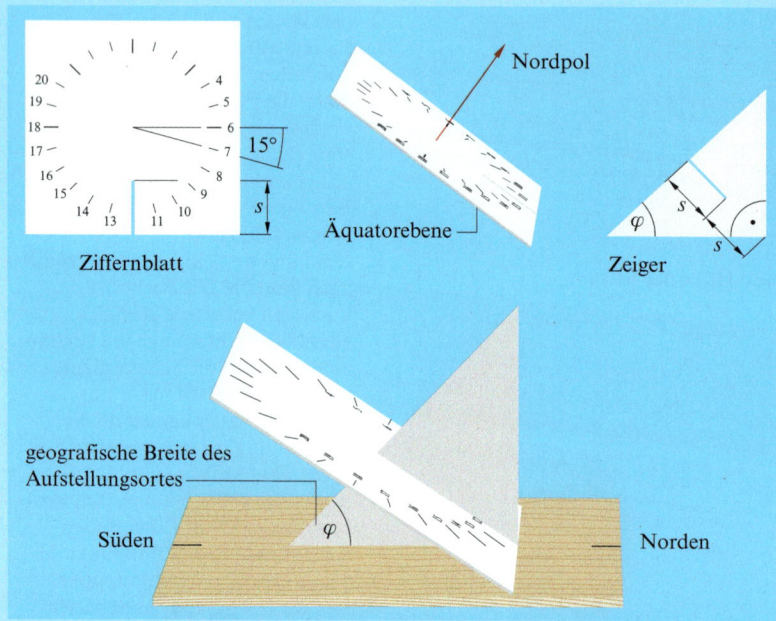

Ziffernblatt   Äquatorebene   Zeiger

geografische Breite des Aufstellungsortes

Süden   Norden

2

AUFTRAG 3

Baue einfache Sonnenuhren!

1. Du kannst den Schattenstab mit den aufgezeichneten Markierungen als Sonnenuhr benutzen: Wenn du Stab und Papierblatt unverändert lässt, zeigt der Schatten in den folgenden Tagen um dieselbe Uhrzeit wieder in dieselbe Richtung.

2. Besonders einfach verläuft der Schatten bei einer Äquatorialsonnenuhr: Bei ihr zeigt der Schattenstab zum Polarstern, ist also parallel zur Rotationsachse des Himmels (der Erde). Das Ziffernblatt wird wieder senkrecht zum Schattenstab ausgerichtet. Es steht damit parallel zum Äquator. Weil nun die Sonne auf einem Kreis um den Schattenstab umläuft, dreht sich der Schatten in jeder Stunde genau um 15° weiter.

AUFTRAG 4

Taschenkalender und Sonnenlauf

In vielen Taschenkalendern sind für einen Tag in der Woche die Uhrzeiten für Sonnenaufgang (SA) und Sonnenuntergang (SU) angegeben. Diese Angaben verraten viel über den Sonnenlauf über den Himmel und seine jährliche Veränderung.

1. Trage die Uhrzeiten für SA und SU in einem Diagramm über den Tagen des Jahres auf.

2. Berechne aus diesen Uhrzeiten die „Sonnenscheindauer", also die Zeit zwischen SA und SU. Trage diese Zeiten in ein zweites Diagramm ein.

3. Die Sonne erreicht ihren höchsten Stand genau in der Mitte zwischen Aufgang und Untergang. Berechne die Zeitpunkte für diesen so genannten lokalen Mittag und trage sie in ein drittes Diagramm ein. Für Orte welcher geografischen Länge sind die Kalenderangaben berechnet?

3

AUFGABEN

1. An welchem Tag des Jahres beträgt die Deklination der Sonne +23,5° (0°, –23,5°)?
2. Finde mit der drehbaren Sternkarte heraus, an welchem Tag des Jahres die Sonne von der Erde aus sehr nahe bei Regulus, dem Hauptstern des Löwen, steht.
3. Wie kann man im Laufe eines Tages nur mit einer Uhr (nur mit einem Schattenstab) herausfinden, ob man sich im Sommer- oder im Winterhalbjahr befindet?
4. Erkläre, wie die Jahreszeiten auf der Erde entstehen! Begründe dabei, warum es im Sommer wärmer als im Winter wird!
5. Beschreibe, wie man an einem sonnigen Tag mithilfe einer Sternkarte herausfinden kann, an welcher Stelle des Sternenhimmels die Sonne gerade steht.
6. An einem Ort direkt am Äquator bemerkt ein Tourist, dass er mittags im prallen Sonnenschein keinen Schatten wirft. Um welches Datum kann es sich handeln?
7. Wie groß ist die Deklination der Sonne zu Frühlings-, Sommer-, Herbst- und Winteranfang? In welchen Himmelsrichtungen geht sie an diesen Tagen auf bzw. unter? Wie lange ist sie über dem Horizont? Welche Kulminationshöhe erreicht sie?
8. Beschreibe ein grobes und ein genaues Verfahren, die Himmelsrichtungen mithilfe der Sonne zu bestimmen!
9. Erkläre den Unterschied zwischen Sterntag und Sonnentag!
10. Wie groß ist der Winkel, um den sich die Sonne in 24 Stunden am Sternenhimmel weiterbewegt? Was bedeutet das für die Erde auf ihrer Bahn um die Sonne?
11. Bei welchem Stern steht die Sonne am 16. Oktober?

ZUSAMMENFASSUNG

Blick von der Erde zur Sonne

Die Sonne wandert von Ost nach West über den Taghimmel.

Im Laufe eines Jahres wandert die Sonne einmal entlang der Ekliptik über den Sternenhimmel.

Himmelsäquator und Ekliptik sind um 23,5° gegeneinander geneigt.

Der Polarstern steht immer an derselben Stelle des Himmels.

Zu Frühlings- und Herbstanfang befindet sich die Sonne an allen Orten der Erde genau 12 Stunden über dem Horizont.

Wenn auf der Nordhalbkugel Sommer ist, ist auf der Südhalbkugel Winter. Am Nordpol steht dann die Sonne 24 Stunden über dem Horizont, am Südpol wird es für ein halbes Jahr nicht Tag.

Im (Nord-) Sommer steht die Sonne länger als 12 Stunden über dem Horizont und erreicht größere Kulminationshöhen als im Winter.

Nach 23h56min hat sich der Himmel einmal gedreht (Sterntag). Da die Sonne aber etwas nach Osten weitergewandert ist, vergehen weitere 4 Minuten, bis die Sonne wieder an derselben Stelle des Himmels steht (Sonnentag).

Blick von Norden auf Erde und Sonne

Durch die Rotation der Erde von West nach Ost werden im Westen immer neue Länder und Städte der Sonne zugewandt, während im Osten die Länder nacheinander verschwinden.

Einmal im Jahr umläuft die Erde die Sonne auf einer ebenen Bahn.

Die Rotationsachse der Erde bildet mit der Senkrechten auf der Bahnebene einen Winkel von 23,5°.

Die Rotationsachse der Erde zeigt immer in dieselbe Richtung.

Zu diesen Zeitpunkten werden beide Pole von der Sonne streifend beleuchtet. Alle Teile der Erde gelangen genau für die Dauer einer halben Erddrehung ins Sonnenlicht.

Während der Sommermonate der Nordhalbkugel ist die Nordspitze der Rotationsachse Richtung Sonne geneigt. Der Nordpol ist dadurch von der Sonne aus sichtbar, der Südpol unsichtbar.

Die Länder der Nordhalbkugel sind von der Sonne aus länger als 12 Stunden sichtbar. Länder der Südhalbkugel tauchen kürzer als 12 Stunden im Sonnenlicht auf und bleiben relativ nahe am Rand der beleuchteten Erdhälfte.

Nach 23h56min hat sich die Erde einmal gedreht. Da sie aber auf ihrer Bahn um die Sonne weitergelaufen ist, muss sie sich noch etwas weiter drehen, bis sie der Sonne wieder dieselbe Seite zeigt.

Erst seit kurzer Zeit können von Raumsonden solche Bilder von der Erde und ihrem Mond zur Erde gesendet werden. Aber schon seit langem wissen die Menschen, dass der Mond die Erde umläuft. Wie sind sie darauf gekommen, und wie können wir es auch heute noch selbst einsehen, indem wir den Mond am Himmel und seine Bewegung verfolgen?

1

Die Tagbögen des Mondes

Der Tagbogen des Vollmondes. Wenn der Vollmond aufgeht, geht die Sonne gerade unter. Der Vollmond scheint dann die ganze Nacht, wandert dabei von Ost nach West über den Himmel und geht schließlich, bei Sonnenaufgang, wieder unter. Er bewegt sich nachts ganz ähnlich über den Himmel wie tagsüber die Sonne. Allerdings gibt es einen wesentlichen Unterschied: Im Sommer, wenn die Sonne am längsten über dem Horizont bleibt und ihre größte Höhe erreicht, scheint der Vollmond nur wenige Stunden und bleibt dabei immer flach über dem Horizont. Im Winter ist es umgekehrt. Zu Frühlings- und Herbstanfang durchläuft der Vollmond, zwölf Stunden zeitversetzt, denselben Tagbogen wie die Sonne.

Bei Auf- und Untergang bemerkt man: Der Vollmond steht der Sonne am Himmel immer gegenüber. Da die Sonne in einem Jahr gerade einmal die Ekliptik durchläuft, bedeutet das aber: Der Vollmond hat immer dieselbe Position am Sternenhimmel wie die Sonne ein halbes Jahr später (oder früher).

> Der Vollmond steht der Sonne am Himmel direkt gegenüber. Deshalb geht er auf (unter), wenn die Sonne untergeht (aufgeht). Er durchläuft dieselben Tagbögen wie die Sonne, nur um ein halbes Jahr zeitversetzt.

Sonne und Mond am Himmel. Wenn du an einem Abend den Vollmond bei Sonnenuntergang hast aufgehen sehen, wartest du am nächsten Tag, wenn die Sonne untergeht, vergeblich auf den Mond: Erst fast eine Stunde später geht er auf. Und am folgenden Tag verspätet er sich weiter. Dafür ist der Mond dann aber noch nach Tagesanbruch am Himmel.

Tatsächlich ist der Mond, allerdings nicht der Vollmond, häufig auch am Tage zu sehen. Dann kann man beobachten, wie Sonne und Mond mit fortschreitender Uhrzeit gemeinsam über den Himmel wandern (Bild 1, folgende Seite).

2

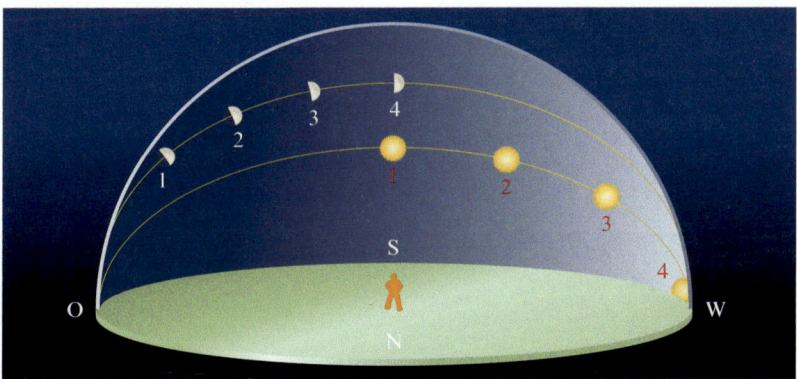

Sonne und Mond, dargestellt im Abstand von jeweils 2 Stunden

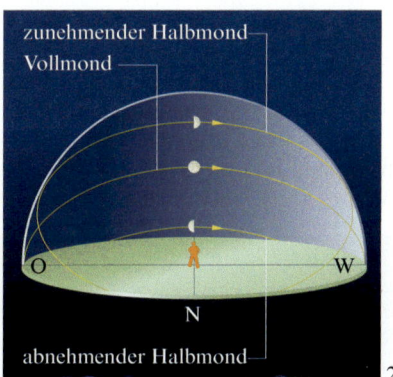

Die Tagbögen des Mondes zu Frühlingsanfang

Der Mond erreicht dabei eine andere Höhe über dem Horizont als die Sonne. Diese Höhe verändert sich im Jahreslauf: Z. B. erreicht der zunehmende Halbmond die größte Höhe über dem Horizont zu Frühlingsanfang (Bilder 2 und 3).

> Wenn der Mond nicht voll ist, ist er zeitweise auch am Tage zu sehen: Er geht entweder schon vor Sonnenuntergang auf oder erst nach Sonnenaufgang unter.

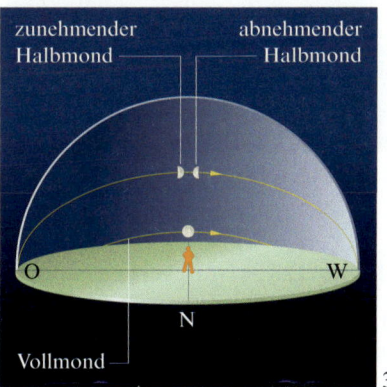

Die Tagbögen des Mondes zu Sommeranfang

Der monatliche Umlauf des Mondes

Die Bewegung des Mondes über den Himmel. Die verschiedenen Höhen, in denen der Mond über den Himmel läuft, lassen sich damit erklären, dass sich der Mond vor dem Sternenhintergrund bewegt und dabei seine Deklination ändert.

Diese Bewegung des Mondes lässt sich, anders als bei der Sonne, direkt beobachten: Wenn in der Nähe des Mondes ein heller Stern oder Planet leuchtet, kann man schon innerhalb weniger Stunden mit bloßem Auge bemerken, wie der Mond von West nach Ost an dem Stern vorüberwandert. Wenn man diese Bewegung über längere Zeit verfolgt, stellt man fest, dass die Bahn des Mondes über den Sternenhimmel fast mit der Ekliptik übereinstimmt. Nach etwas mehr als 27 Tagen kommt dann der Mond wieder an denselben Sternen vorbei.

> Der Mond bewegt sich nahe der Ekliptik über den Sternenhimmel. Ein Umlauf dauert etwa 27,3 Tage. Diese Zeitspanne heißt siderischer Monat.

Der Lauf des Mondes um die Erde. Diese Bewegung des Mondes über den Sternenhimmel haben sich bereits die Menschen im Altertum damit erklärt, dass der Mond die Erde umläuft. Seine Bahn ist nahezu kreisförmig. Auf Fotos kann man jedoch feststellen, dass der Mond im Laufe eines Monats unterschiedlich groß aussieht. Die Mondentfernung schwankt also etwas: Die Erde befindet sich nicht im Mittelpunkt der Bahn.

> Der Mond läuft in 27,3 Tagen einmal um die Erde.

Änderung der scheinbaren Mondgröße innerhalb von zwei Wochen (19. Januar und 2. Februar 2004)

Die Bahn des Mondes um die Sonne. Wenn man den Lauf der Erde um die Sonne aus sehr großer Entfernung beobachten könnte und dabei auf die Bewegung des Mondes achtete, würde man feststellen, dass die Bahn des Mondes immer zur Sonne hin gekrümmt ist: Der Mond läuft eigentlich um die Sonne! Weil er dabei immer nahe bei der Erde bleibt, sich aber mal außerhalb, mal innerhalb der Erdbahn befindet, haben wir den Eindruck, der Mond umkreise die Erde.

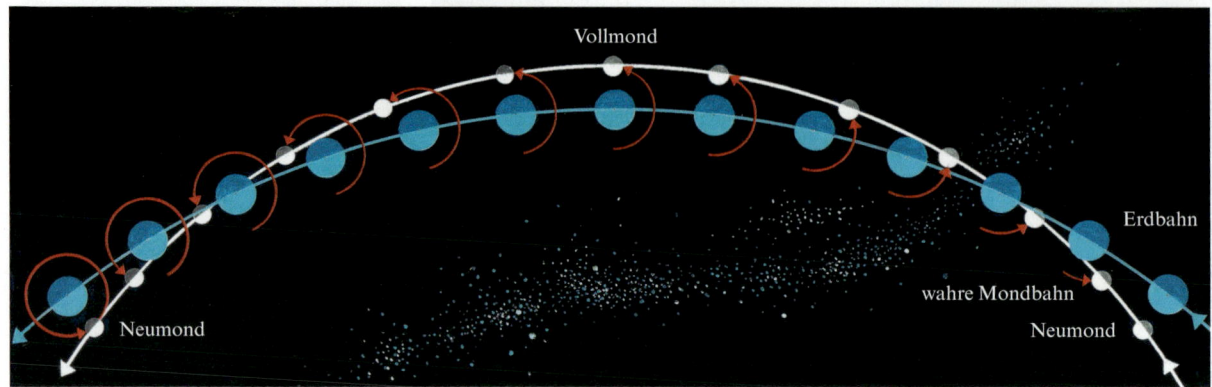

Die Bahnen von Erde und Mond um die Sonne

Die Entfernung des Mondes

Die Entfernung des Mondes von der Erde kann nicht einfach mit einem Bandmaß bestimmt werden. Aber es gibt andere Methoden zur Entfernungsmessung.

Parallaxe im Alltag. Um Entfernungen abzuschätzen, benutzt man im täglichen Leben unbewusst den folgenden Effekt: Wenn man an der ausgestreckten Hand einen Gegenstand, z. B. einen Apfel, vor sich hält und abwechselnd einmal das eine und dann das andere Auge schließt, beobachtet man, dass der Apfel scheinbar vor den weit entfernten Gegenständen der Umgebung hin- und herspringt – umso mehr, je näher er den Augen ist. Dieser Effekt beruht auf der sich ändernden Blickrichtung. Er ist uns von Bahn- oder Autofahrten vertraut: Nahe Gegenstände huschen vorbei, während weit entfernte Gegenstände nur langsam zurück bleiben.

Der Winkel, um den sich die Blickrichtung zu einem Gegenstand unterscheidet, wenn man ihn von zwei verschiedenen Orten aus anpeilt, heißt Parallaxenwinkel oder einfach **Parallaxe.**

Die Parallaxe ist umso größer, je weiter die beiden Orte auseinanderliegen und je näher der Gegenstand ist.

Stereobild einer Landschaft mit Ruine. Der Stereoeffekt entsteht, wenn du die Bilder mit dem „Parallelblick" so betrachtest, dass die beiden Punkte über den Bildern zu einem zusammenschmelzen.

1 Der Mond zwischen Saturn und Jupiter, zeitgleich fotografiert von Deutschland und Namibia aus. Die Bilder wurden mithilfe der beiden Planeten genau übereinandergelegt.

Mondparallaxe. Wenn bei einer nächtlichen Fahrt der Mond ins Fenster scheint, begleitet er die Fahrt perfekt; man kann ihn nicht „zurücklassen". Der Mond muss sehr weit entfernt sein! Man kann sich aber verabreden, den Mond von der Nord- und der Südhalbkugel der Erde aus *genau gleichzeitig* am Himmel zu fotografieren. Dann erkennt man, dass der Mond auf dem im Süden aufgenommenen Foto vor dem Sternenhintergrund deutlich weiter oben, d. h. weiter nördlich zu sehen ist (Bild 1).

Wenn man die Entfernung zwischen den beiden Beobachtungsorten kennt und den zugehörigen Parallaxenwinkel des Mondes genau misst, kann man berechnen oder anhand einer maßstabgerechten Zeichnung nachmessen:

> Die Mondentfernung beträgt etwa das 60-Fache des Erdradius, das sind etwa 384 000 km.

Im Mittel beträgt die Mondentfernung genau 384 403 km. Weil sich die Erde nicht im Mittelpunkt der Mondbahn befindet, ändert sich der Abstand zwischen 356 410 km und 406 740 km.

Lichtlaufzeit. Seit Astronauten auf dem Mond einen Spiegel aufgestellt haben, ist es möglich, einen Laserstrahl auf den Mond zu richten und etwas vom reflektierten Licht auf der Erde zu registrieren. Da die Lichtgeschwindigkeit bekannt ist, kann man aus der Lichtlaufzeit (ca. 2 s) die Entfernung des Mondes und ihre Veränderungen auf Zentimeter genau messen.

2

Die Phasengestalt des Mondes

Die Bewegung des Mondes über den Himmel lässt sich auch beobachten, wenn es noch nicht dunkel ist. Wenn du z. B. nach Neumond jeden Abend kurz nach Sonnenuntergang von derselben Stelle aus den Himmel betrachtest, wirst du feststellen, dass der Mond seine Position jeden Abend weiter nach Osten verschiebt. Nach zwei Wochen ist er so weit nach Osten gewandert, dass er bei Sonnenuntergang noch gar nicht aufgegangen ist. Achte dann stattdessen kurz frühmorgens vor Sonnenaufgang auf den Mond!

Übrigens

Der Spiegel auf dem Mond ist ein Tripelspiegel, eine „Spiegelecke", der auftreffendes Licht immer in die Richtung reflektiert, aus der es kommt.

3 Die abendliche Bewegung des Mondes, ab 3. April im Abstand von 2 Tagen um 19.40 Uhr aufgezeichnet.

Mit der Bewegung des Mondes ändert sich auch seine sichtbare Gestalt, die so genannte Phasengestalt: Zeigt uns der Mond kurz nach Neumond nur eine schmale Sichel, so wird er in den folgenden Tagen immer „dicker", bis er nach zwei Wochen als Vollmond gerade bei Sonnenuntergang aufgeht. Bei den morgendlichen Beobachtungen „nimmt" er dann wieder „ab": Aus dem fast vollen Mond wird eine schmale Sichel, deren gewölbte Seite in Richtung Sonne zeigt.

Die Phasengestalten des Mondes, fotografiert jeweils im Abstand von drei Tagen

Der Winkelabstand zwischen Sonne und Mond. Kurz nach Sonnenuntergang hat die Sonne immer etwa dieselbe Stellung unter dem Horizont. Bei den abendlichen Beobachtungen wird also der Winkelabstand zwischen Sonne und Mond immer größer. Entsprechend wird der Winkelabstand des abnehmenden Mondes zur Sonne immer kleiner.

> Die Phasengestalt des Mondes hängt eng mit dem Winkelabstand zwischen Sonne und Mond zusammen: Steht der Mond nahe bei der Sonne, sehen wir eine schmale Mondsichel. Ist der Abstand größer als 90°, sehen wir einen gewölbten Mond.

Die Phasengestalten des Mondes kommen dadurch zustande, dass beim Mond, wie bei der Erde, immer nur eine Hälfte von der Sonne beschienen wird. Je nach Stellung von Sonne und Mond sehen wir von der Erde aus unterschiedlich viel von der beleuchteten Mondhälfte: Bei Vollmond sehen wir dem Mond von der Erde aus „direkt ins Gesicht". Bei Halbmond wird der Mond genau von der Seite beleuchtet. Und bei der schmalen Sichelform wird der Mond fast genau von „hinten" angestrahlt. Daran kann man erkennen, dass die Sonne viel weiter entfernt sein muss als der Mond.

Synodischer und siderischer Monat. Der Mond benötigt für eine Runde über den gesamten Sternenhimmel 27,3 Tage, die Sonne benötigt dafür ein Jahr wird also vom Mond immer wieder überholt. Zwischen zwei Überholvorgängen, zwischen zwei Neumonden also, vergehen 29,5 Tage.

Übrigens

Es gibt eine einfache Eselsbrücke, mit der man abnehmenden und zunehmenden Mond unterscheiden kann.

abnehmender Mond   zunehmender Mond

Übrigens

Die Länge der Kalendermonate entspricht etwa einem synodischen Monat. Man musste allerdings die Monate unterschiedlich lang machen, damit ein Jahr aus zwölf Monaten besteht.

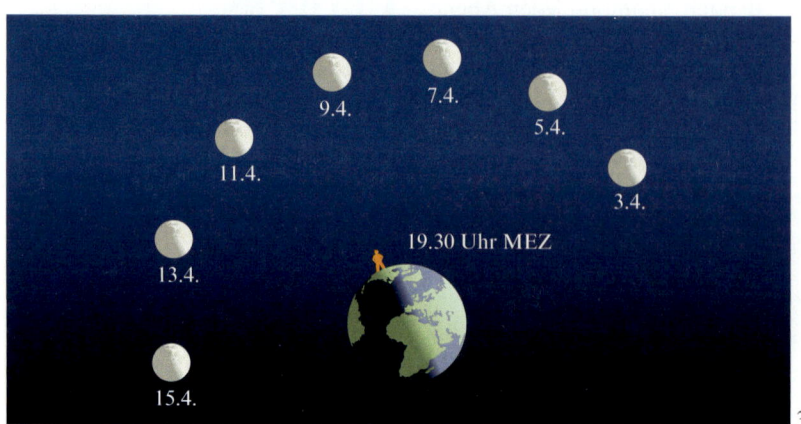

Die abendliche Mondbewegung aus Bild 3., S. 29 diesmal von außen beobachtet.

Aus der Sicht eines außerirdischen Beobachters stellt sich die Situation folgendermaßen dar: Erde und Mond werden auf derselben Seite von der Sonne beschienen. Je nachdem aus welcher Richtung wir von der Erde aus auf den Mond schauen, erscheint er uns mehr oder weniger beleuchtet. Da sich die Erde in derselben Richtung dreht, wie der Mond umläuft, können wir den zunehmenden Mond nur abends, den abnehmenden Mond dagegen morgens am Himmel sehen. Bei genauer Betrachtung zeigt Bild 3 auf der vorhergehenden Seite, dass sich die Beleuchtungsrichtung während zweier Wochen etwas verändert: Die Erde bewegt sich in dieser Zeit auf ihrer Bahn um die Sonne weiter. Aus dieser Sicht beruht also der Unterschied zwischen siderischem und synodischem Monat darauf, dass der Mond die Erde mehr als einmal umkreisen muss, um von einer Vollmondstellung zur folgenden zu kommen (Bild 1).

Zwischen zwei gleichen Stellungen des Mondes zur Sonne, z. B. zwischen zwei Neumonden oder zwischen zwei Vollmonden, vergehen im Mittel 29,5 Tage. Dieser so genannte synodische Monat ist etwa zwei Tage länger als der siderische Monat, weil die Erde um die Sonne läuft.

Finsternisse

Manchmal geschieht es bei Vollmond, dass ein Schatten, von Osten kommend, über den Mond kriecht, ihn schließlich ganz bedeckt, um ihn nach ein bis zwei Stunden wieder freizugeben. Wenn man an die dem Vollmond gerade gegenüberstehende Sonne denkt, kann man sich klar machen: Die Erde ist dem Sonnenlicht im Wege: Es ist der Schatten der Erde, der den Mond verdunkelt, und der kreisförmige Ausschnitt des Schattens auf dem Mond zeigt einen Teil der Kugelgestalt der Erde! Tatsächlich war der bei jeder Mondfinsternis kreisförmige Schatten auf dem Mond für die Menschen im Altertum der direkte Beweis, dass die Erde eine Kugel ist.

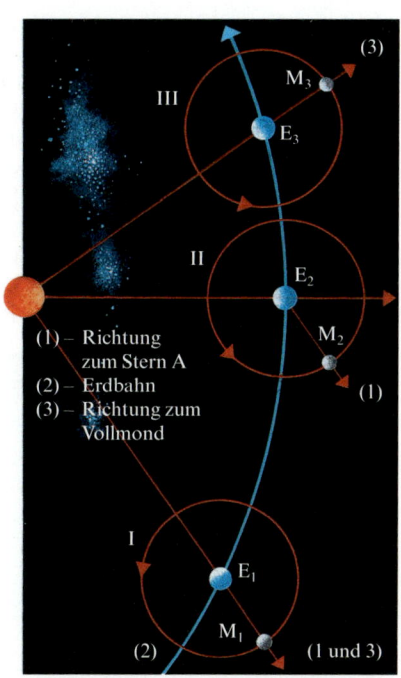

(1) – Richtung zum Stern A
(2) – Erdbahn
(3) – Richtung zum Vollmond

1

Siderischer und synodischer Monat
I: Sonne, Erde und Mond stehen in einer Geraden (Vollmond). Der Mond steht von der Erde aus gesehen in Richtung auf den Stern A.
II: Nach einem Umlauf um die Erde steht der Mond wieder in Richtung auf den Stern A. Ein siderischer Monat ist vergangen.
III: Erst jetzt stehen Mond, Erde und Sonne wieder in einer Geraden. Es ist wieder Vollmond. Ein synodischer Monat ist vergangen.

2

Mondfinsternis, Fotos im Abstand von 8 Minuten

Ablauf und Entstehung einer Mondfinsternis. Der Vollmond überholt den Erdschatten in gleicher Weise wie der Neumond die Sonne am Himmel überholt. Zutreffender wäre es also zu sagen, der Mond tauche, von Westen kommend, in den Erdschatten ein. Zwischen den beiden Aussagen ist aber durch Beobachtung nur schwer zu unterscheiden, da dem Vorgang zusätzlich die Drehung des ganzen Himmels überlagert ist.

Von außen betrachtet wirft die Erde im Lichte der Sonne einen langen kegelförmigen Schatten in den Weltraum. Beim Eintritt des Mondes in den Kernschatten und beim Austritt gibt die Krümmung des Schattens einen Eindruck vom Größenverhältnis zwischen Erde und Mond.

Übrigens

Im Abstand des Mondes ist der Durchmesser des Erdschattens um 1/4 kleiner als der Erddurchmesser.

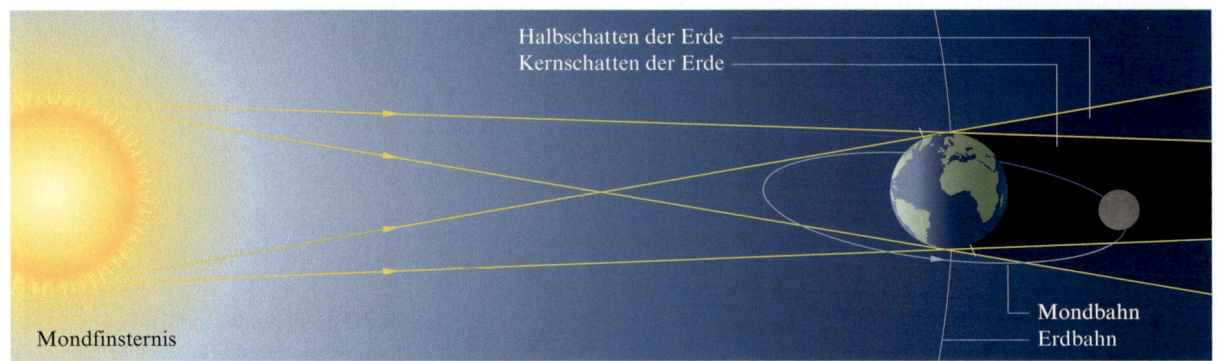

Halbschatten der Erde
Kernschatten der Erde

Mondbahn
Erdbahn

Mondfinsternis

1

Die Erde ist etwa viermal so groß wie der Mond. Genauer: Der Mond hat einen Durchmesser von 3476 km.

Übrigens

Wenn der Kernschatten des Mondes nicht bis zur Erde reicht, findet für die Menschen, auf die die Schattenspitze zeigt, eine ringförmige Sonnenfinsternis statt.

Ablauf und Entstehung einer Sonnenfinsternis. Wenn der Mond, aus unserer Sicht als Erdbewohner, die Sonne am Himmel als Neumond überholt, kann es geschehen, dass er sie ganz oder teilweise verdeckt: Eine totale oder partielle Sonnenfinsternis findet statt.

Bei seinem Umlauf um die Erde wirft auch der Mond einen kegelförmigen Schatten in den Weltraum. Er ist etwa 380 000 km lang, reicht also bei günstigen Bedingungen gerade bis auf die Erde, wo er einen Teil der Oberfläche verdunkelt. Durch die Überlagerung der Bewegung der Erde um die Sonne, der Umkreisung der Erde durch den Mond und die Drehung der Erde um ihre Achse zieht der Schatten eine komplizierte Spur über die Erdoberfläche. Die Menschen, die vom Kernschatten getroffen werden, erleben eine totale Sonnenfinsternis.

Übrigens

Wenn für uns auf der Erde eine Mondfinsternis stattfindet, könnte ein Mondbewohner eine Verfinsterung der Sonne durch die Erde beobachten.

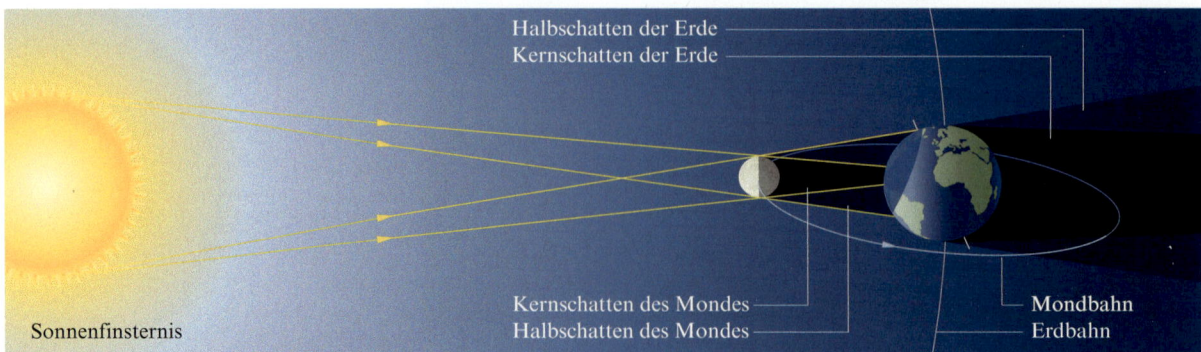

Halbschatten der Erde
Kernschatten der Erde

Kernschatten des Mondes
Halbschatten des Mondes

Mondbahn
Erdbahn

Sonnenfinsternis

2

Die Neigung der Mondbahn. Sonnen- und Mondfinsternisse finden nicht in jedem Monat statt. Der Mond verfehlt, von der Erde aus betrachtet, Erdschatten und Sonne meistens, weil seine Bahn über den Himmel nicht genau mit der Bahn der Sonne übereinstimmt. Nur wenn sich Sonne und Mond in der Nähe der Schnittpunkte, der so genannten Knoten der Mondbahn, befinden, kann es zu Finsternissen kommen.

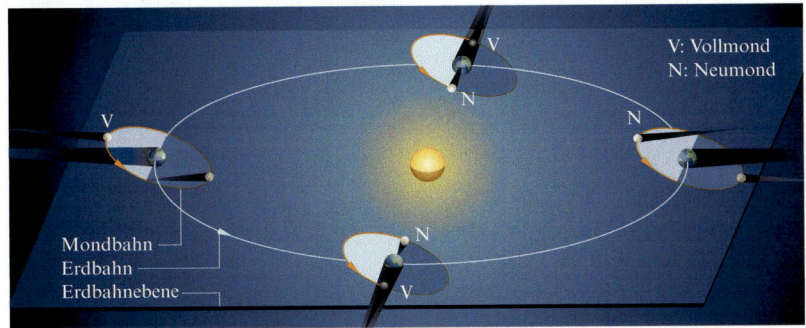

Weil die Mondbahn um 5° gegen die Ekliptik geneigt ist, kann es nur in zwei Positionen zu Finsternissen kommen.

Für einen außerirdischen Betrachter würde sich die Situation folgendermaßen darstellen: Der Mond umkreist die Erde nicht genau in derselben Ebene wie die Erde die Sonne. Seine Bahnebene ist vielmehr um etwa 5° gegen die Ekliptik geneigt. Deshalb kommt es nur dann zu einer Mondfinsternis, wenn der Mond bei Vollmond gerade die Ekliptikebene durchstößt. Dann aber hat die Mondbahnebene die geeignete Lage, dass es, zwei Wochen vorher oder nachher, auch zu einer Sonnenfinsternis kommen kann. Es geschieht deshalb relativ häufig, dass Sonnen- und Mondfinsternis in einem Abstand von etwa zwei Wochen aufeinander folgen. Weil die Mondbahn ihre Orientierung ungefähr beibehält, kann es dann erst ein halbes Jahr später wieder zu Finsternissen kommen.

Partielle Sonnenfinsternis

Jahr	Sonnenfinsternis	Mondfinsternis
2011	4. Januar / 1. Juni 1. Juli / 25. November	15. Juni / 10. Dezember
2012	20. Mai / 13. November	4. Juni / 28. November
2013	10. Mai / 3. November	25. April / 25. Mai / 18. Oktober
2014	29. April / 23. Oktober	15. April / 8. Oktober
2015	20. März / 13. September	4. April / 28. September

Sonnenfinsternis am 11. 8. 1999, die über Teilen von Süddeutschland zu beobachten war.

Kernschatten des Mondes auf der Erde bei der Sonnenfinsternis am 11. 8. 1999

Physikalische Aspekte des Mondes

Der Mond beeindruckt die Menschen seit jeher in besonderer Weise – nicht nur durch sein helles Licht und durch die Änderungen seiner Phasengestalt und seines Ortes am Himmel, sondern auch durch die bereits mit dem bloßen Auge sichtbaren Details auf seiner Oberfläche.

Die Oberfläche. Der Mond reflektiert nur 4% bis 14% des auftreffenden Sonnenlichts. Wegen seines geringen Abstandes zur Erde ist er trotzdem nach der Sonne der für uns hellste Himmelskörper. Auf eine bestimmte Fläche auf der Erde fällt in einer bestimmten Zeit 30 000-mal mehr Licht(energie) als vom hellsten bei uns sichtbaren Stern (Sirius), aber 1 600 000-mal weniger als von der Sonne.

Auf den ersten Blick fallen die hellen und dunklen Flächen auf dem Mond auf. Sie wurden früher als Mondmeere gedeutet und darum als **Mare** bezeichnet (lat.: Meer; Plural: Maria (Betonung: Maria)). Besonders auffällig ist das kreisrunde Mare Crisium (Meer der Gefahren) nahe des westlichen Mondrandes. Inzwischen weiß man, dass es auf der Mondoberfläche kein Wasser geben kann, aber die Namen sind geblieben. Auf der sichtbaren Seite des Mondes werden etwa 30% der Fläche von Mare-Gebieten eingenommen. Auf der Rückseite des Mondes sind es nur etwa 10%.

Tatsächlich sind die Maria **Tiefebenen,** die im Laufe der Entwicklungsgeschichte des Mondes bei vulkanischen Ausbrüchen von Lava überflutet wurden. Das Lavagestein reflektiert noch weniger Sonnenlicht als die umgebenden Flächen. Deshalb erscheinen die „Mondmeere" dunkler. Die helleren Mondflächen sind **Gebirge**. Sie sind bis zu 8 km hoch und von **Kratern** übersät. Die Krater rühren größtenteils von Meteoriteneinschlägen, zum Teil aber auch von Vulkanausbrüchen her. Sie haben Durchmesser bis zu 235 km.

Vorderseite des Mondes 1

Rückseite des Mondes 2

Der Krater Kopernikus auf dem Mond 3

Die Gebirge und Krater kann man bereits mit einem Feldstecher sehen. Besonders gut sind sie bei zunehmendem Mond oder abnehmendem Mond in der Nähe der Licht-Schatten-Grenze zu erkennen: Dort wird der Mond streifend vom Sonnenlicht getroffen, und die Oberfläche wirkt durch die langen Schatten der Berge besonders plastisch.

Durch Fotos von Mondsatelliten, insbesondere aber durch direkte Untersuchungen auf der Mondoberfläche durch Roboter und Rückkehrsatelliten wurden im letzten Vierteljahrhundert sehr genaue Kenntnisse über die Mondoberfläche und die Zusammensetzung des Mondbodens gewonnen.

> Die dunklen Gebiete der Mondoberfläche sind lavaüberflutete Ebenen. Die hellen Flächen sind Gebirge. Der Mond ist von Kratern übersät.

1 SCOTT während der Apollo-15-Mission
   auf dem Mond

Von Menschen wurde der Mond erstmals am 20./21. Juli 1969 betreten. Die Astronauten NEIL ARMSTRONG und EDWIN ALDRIN landeten im Mare Tranquillitatis. Ihnen folgten bis 1972 weitere zehn US-Amerikaner.

Gebundene Rotation. Achtet man im Laufe eines Monats immer wieder auf die Stellung des Mare Crisium, dann bemerkt man, dass uns der Mond immer dasselbe „Gesicht" zeigt. Wir sehen also immer dieselbe Seite des Mondes. Das bedeutet: Der Mond dreht sich bei einem Umlauf um die Erde genau einmal um eine Achse (gebundene Rotation). Dabei steht die Achse ungefähr senkrecht auf der Bahnebene des Mondes.

Physikalische Verhältnisse auf dem Mond. Die Masse des Mondes macht nur 1/81 der Erdmasse aus. Der Mond hat mit $3{,}3\,g/cm^3$ eine geringere mittlere Dichte als die Erde, deren mittlere Dichte $5{,}5\,g/cm^3$ beträgt. Das ist auf den geringen Anteil an schweren Elementen zurückzuführen. Wegen seiner geringen Masse ist der Mond nicht in der Lage, gasförmige Stoffe zu binden. Deshalb besitzt der Mond keine Atmosphäre. Daraus folgt, dass er auch kein Wasser an seiner Oberfläche haben kann, weil Wasser oder Eis unter diesen Bedingungen in Wasserdampf übergehen würden.
Wegen der fehlenden Atmosphäre gibt es auf dem Mond keine Verwitterung durch Wind und Wasser. Die Krater sind deshalb unverändert aus der Frühzeit des Mondes erhalten geblieben, sofern sie nicht durch nachfolgende Einschläge oder Lavaausbrüche verändert wurden.
Die fehlende Atmosphäre beeinflusst auch die Temperatur auf dem Mond. Im Sonnenlicht heizt sich der Mondboden bis auf $130\,°C$ auf. Auf der Nachtseite kühlt er sich bis auf $-160\,°C$ ab. Die Fallbeschleunigung beträgt nur etwa 1/6 der Erd-Fallbeschleunigung. Deshalb haben alle Gegenstände auf dem Mond nur ein Sechstel ihres Gewichtes auf der Erde.

Gezeiten. Der Mond wird durch die Anziehungskraft (Gravitation) der Erde auf seiner Umlaufbahn gehalten – wie die Kugel durch einen Hammerwerfer kurz vor dem Wurf. Umgekehrt übt auch der Mond auf alle Teile der Erde Gravitationskräfte aus, die umso größer sind, je geringer der Abstand zum Mond ist. Dadurch entstehen auf der Erde Ebbe und Flut: Mit dem Mond umlaufen zwei Flutberge die Erde. Der Flutberg unter dem Mond kommt dadurch zustande, dass dort das Wasser (weil dem Mond näher) stärker vom Mond angezogen wird als der Erdkörper (Bild 3). Der Flutberg auf der mondabgewandten Seite entsteht, weil dort umgekehrt die Erde stärker als das Wasser angezogen wird.
Diese Flutberge bremsen die Rotation der Erde wie „Bremsbacken". Die Erde dreht sich deshalb immer langsamer und wird schließlich, nach sehr langer Zeit, dem Mond immer dieselbe Seite zukehren. Ein ähnlicher Prozess hat beim Mond bereits stattgefunden – daher seine gebundene Rotation!

2

EDWIN ALDRIN während der
Apollo-11-Mission

Übrigens

Durch die gebundene Rotation würde ein Mondbewohner die Erde immer an derselben Stelle über seinem Horizont sehen: Die Erde geht auf dem Mond weder auf noch unter.

Sicht vom
Erdmittelpunkt

3

Projekt

Beobachtungen und Messungen am Mond

Bereits mit bloßen Augen, sonst aber mit einfachen Hilfsmitteln, lassen sich viele Erkenntnisse über den Mond und seine Bewegung gewinnen.

AUFTRAG 1

Beobachtung der abendlichen Mondbewegung

Suche dir einen Beobachtungsplatz, von dem aus du freie Sicht zum Süd- und Westhimmel hast, und fertige eine Skizze des Horizonts an. Beginne mit den Beobachtungen zwei Tage nach Neumond. Präge dir im Laufe zweier Wochen möglichst jeden Abend kurz nach Sonnenuntergang die Position des Mondes über dem Horizont ein, und trage den Mond in die Skizze ein.

AUFTRAG 2

Messung der synodischen und siderischen Bewegung

Ermittle an zwei aufeinander folgenden Tagen kurz nach Neumond kurz vor Sonnenuntergang mit deiner Hand am ausgestreckten Arm den Winkelabstand zwischen Sonne und Mond! Du kannst aus der Zunahme des Abstandes an einem Tag berechnen, wie lange es dauern wird, bis der Mond wieder dieselbe Winkelstellung zur Sonne einnimmt. Dann ist ein synodischer Monat vergangen. Nach dem nächsten Neumond kannst du deine Abschätzung überprüfen.

Die Länge des siderischen Monats kannst du messen, indem du die Position des Mondes an zwei Tagen mithilfe heller benachbarter Sterne in eine Sternkarte einzeichnest. Wenn du dann den überstrichenen Winkel auf der Karte misst und die benötigte Zeit notiert hast, kannst du vorhersagen, wie lange es dauern wird, bis der Mond einmal über den ganzen Himmel gewandert ist.

Beachte! Die Hochrechnung des Messergebnisses auf einen vollen Umlauf ist nicht sehr zuverlässig, weil sich der Mond während eines Umlaufs unterschiedlich schnell bewegt.

AUFTRAG 3

Fotografie des Mondes

Vom Mond lassen sich auch mit einfachen Fotoapparaten schöne Bilder machen. Sie sind umso eindrucksvoller, je größer die Brennweite des Objektivs ist. Die Blende sollte so groß wie möglich gestellt, die Kamera auf einem Stativ montiert sein und der Verschluss möglichst mit einem Drahtauslöser geöffnet werden.

Versuche eine vollständige Bildergalerie der Phasengestalten des Mondes zu erstellen! Wenn du immer mit derselben Brennweite fotografierst, wirst du auch feststellen können, wie sich die Größe des Mondes auf den Bildern verändert.

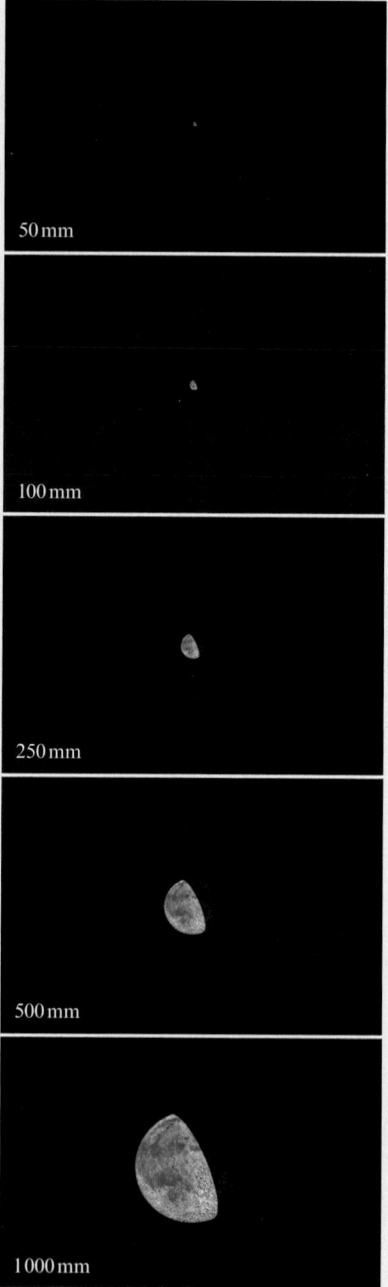

1

Der Mond auf Kleinbilddias, fotografiert mit zunehmender Brennweite (von 50 mm (oben) bis 1 000 mm (unten).

Der Wettlauf zum Mond

Mit dem Erfolg von Apollo 11 im Jahr 1969 wurde ein alter Menschheitstraum wahr: Die amerikanischen Astronauten NEIL ARMSTRONG und EDWARD ALDRIN betraten als erste Menschen den Mond.

Der Flug zum Mond stellte technisch, organisatorisch und finanziell eine enorme Herausforderung dar. Zur Zeit des Kalten Krieges wurde daraus ein Prestigeduell zwischen den beiden Supermächten USA und UdSSR: Welchem Land würde es zuerst gelingen, alle Probleme zu lösen?

USA		UdSSR
Pioneer 4 fliegt 60 000 km am Mond vorbei.	**1959**	Luna 1 fliegt nur 7 000 km am Mond vorbei. Luna 2 schlägt auf dem Mond auf; Luna 3 umfliegt ihn; liefert Fotos der Mondrückseite.
Die Rede des amerikanischen Präsidenten KENNEDY gilt als Auslöser des amerikanischen Mondprogramms.	**1961**	Vorüberlegungen zu einer ersten bemannten Mondumrundung.
Erste harte Landung auf dem Mond (Ranger 4)	**1962**	
Erste technische Tests mit Apollokapseln.	**1963**	Erster Test von Sojus-Komponenten.
Weitere Tests mit Saturnraketen und Apolloattrappen, Ranger 7 liefert Aufnahmen vom Mond.	**1964**	Der Bau von Trägerakten für einen bemannten Mondflug wird beschlossen.
Gemini 5 absolviert einen einwöchigen Raumflug. Gemini 7 bleibt doppelt so lange im All.	**1965**	Sojusraumfahrzeuge werden im All getestet.
Weitere Versuche mit Gemini- und Apolloraumfahrzeugen und der Saturnrakete; Start und Test einer Surveyor-Landesonde; Start des ersten US-Mondsatelliten; weitere Sonden fotografieren das mögliche Landegebiet.	**1966**	Luna 9 landet weich auf der Mondoberfläche. Luna 10 umkreist den Mond; von den folgenden 6 Versuchen gelingen nur drei.
Start der ersten Saturn-Mondrakete; die Rückführung der Raumkapsel wird erprobt.	**1967**	Spezielle Antriebseinheiten werden getestet; dabei treten technische Probleme auf.
Weitere Erprobung des Landemoduls und der Trägersysteme; auch hier technische Probleme. Erster bemannter Apolloflug (Apollo 7); Apollo 8 startet zum ersten bemannten Flug mit Mondumkreisung.	**1968**	Wegen technischer Probleme wird der bemannte Flug zum Mond ohne Landung verschoben.
Erste bemannte Tests des Landemoduls in einer Erdumlaufbahn und in der Mondumlaufbahn. 16. Juli: Start von Apollo 11 20. Juli: Die Mondlandefähre Eagle setzt auf der Mondoberfläche auf und NEIL ARMSTRONG betritt am 21. Juli als erster Mensch den Mond.	**1969**	Fehlstart eines unbemannten Raumschiffs. Die 2. Stufe der Trägerrakete explodiert. Eine Probenrückholsonde (Luna 15) wird erfolgreich getestet.

Es gab noch weitere Apollo-Missionen. Durch Explosion eines Gastanks wurde Apollo 13 manövrierunfähig. Es gelang aber, die Astronauten mit den allerletzten Sauerstoff- und Energiereserven zur Erde zurückzuholen. 1972 fand die letzte bemannte Mission statt.

Seit Beginn des 21. Jahrhunderts gibt es wieder ein zunehmendes Interesse an der Erkundung des Mondes. Dabei schicken neben den USA und Russland auch Europa, Japan und Indien unbemannte Raumsonden zum Mond. Ziele dieser Missionen sind u. a. die Suche nach Wasser und die Untersuchung seines inneren Aufbaus. Insbesondere aber könnten auf dem Mond Aufbau und Betrieb einer bemannten Raumstation auf einem anderen Himmelskörper erprobt werden. Neben der Erprobung von Lebenserhaltungssystemen könnte auch das globale Klima auf der Erde überwacht werden. Auch der Aufbau eines Observatoriums wird diskutiert.

1

AUFGABEN

1. Morgens auf dem Weg zur Schule siehst du den Mond am Himmel. Um welche Mondphase muss es sich handeln?

2. Gegen Mitternacht siehst du den Mond untergehen. In welcher Phase muss er sich befinden?

3. In Europa sei gerade zunehmender Halbmond. Woran kannst du das erkennen? Wie sieht seine Phasengestalt am selben Tag in Südamerika aus? In welcher Phase befindet sich der Mond dort?

4. Was ist ein siderischer Monat? Wie kann man seine Dauer messen?

5. Was ist ein synodischer Monat? Wie ist es möglich, seine Dauer (ungefähr) zu bestimmen?

6. Erkläre, warum ein synodischer Monat länger ist als ein siderischer Monat!

7. In Bild 29/1 entspricht der Abstand zwischen Jupiter und Saturn einem Winkel von 8,8°. Wie groß ist die parallaktische Verschiebung des Mondes? Wenn du annimmst, die Bilder seien von weit voneinander entfernten Orten aufgenommen worden, kannst du die Entfernung des Mondes abschätzen. (Welchem Winkel entspricht der Abstand der beiden Mondbilder?)

8. Ein Astronaut ist auf dem Mond gelandet, genau in der Mitte des von der Erde aus sichtbaren Teils des Mondes. Er beobachtet einen Monat lang die Erde am Mondhimmel. Beschreibe seine Beobachtungen.
   a) Was kannst du über die Stellung der Erde am Mondhimmel aussagen?
   b) Welche „Erdphasen" beobachtet der Astronaut, wenn auf der Erde Neumond, zunehmender Halbmond, Vollmond, bzw. abnehmender Halbmond ist?

9. Die Tabelle auf S. 33 zeigt die Termine der Sonnen- und Mondfinsternisse in den Jahren 2011 bis 2015. Welche Regelmäßigkeiten sind an den Daten erkennbar? Erkläre!

10. Zwischen zwei Meridiandurchgängen des Mondes vergehen etwa 24h50min. Wie kann man aus dieser Beobachtung auf die Länge des synodischen Monats schließen?

11. Warum ist von einem bestimmten Beobachtungsort auf der Erde aus nur selten eine Sonnenfinsternis, aber sehr viel häufiger eine Mondfinsternis zu beobachten?

ZUSAMMENFASSUNG

Blick von der Erde zum Mond	**Blick von außen auf Erde und Mond**
Der Mond bewegt sich vor dem Sternenhintergrund von Westen nach Osten.	Der Mond umläuft die Erde entgegen dem Uhrzeigersinn, wenn man aus Richtung Polarstern schaut. Die Bahn ist nahezu kreisförmig.
Der scheinbare Durchmesser des Mondes variiert während des Umlaufs zwischen 29,4' und 33,5'.	Die Erde befindet sich nicht im Mittelpunkt der Mondbahn. Die Mondentfernung schwankt zwischen 406 740 km und 356 410 km.
Die Bahn des Mondes über den Himmel liegt nahe bei der Sonnenbahn, der Ekliptik.	Die Mondumlaufbahn ist nur wenig gegen die Erdbahnebene geneigt.

Die Umlaufdauer des Mondes beträgt 27,3 Tage (siderischer Monat).

Der Vollmond steht der Sonne gegenüber.	Bei Vollmond steht die Erde zwischen Sonne und Mond.
Der Neumond wandert gemeinsam mit der Sonne über den Himmel.	Bei Neumond befindet sich der Mond zwischen Sonne und Erde.

Zwischen zwei Neumonden vergehen 29,5 Tage (synodischer Monat).

Bei einer totalen Mondfinsternis fällt der Kernschatten der Erde auf den Mond.	Bei einer totalen Mondfinsternis bewegt sich der Mond durch den kegelförmigen Kernschatten der Erde.
Bei einer totalen Sonnenfinsternis verdeckt der Mond die Sonne.	Bei einer totalen Sonnenfinsternis trifft der Kernschatten des Mondes auf die Erdoberfläche.

Sonnen- und Mondfinsternisse treten etwa halbjährlich auf.

Das Sonnensystem

Die Erde ist einer von acht nahezu
kugelförmigen Planeten, die die Sonne
umlaufen. Gemeinsam mit vielen
anderen, wesentlich kleineren Himmelskörpern bilden die Planeten und die
Sonne das Sonnensystem.
Wodurch unterscheiden sich die
Körper des Sonnensystems?
Wie sind sie entstanden?
Wie bewegen sie sich?
Welchen Einfluss üben sie
auf die Erde und auf
uns Menschen aus?

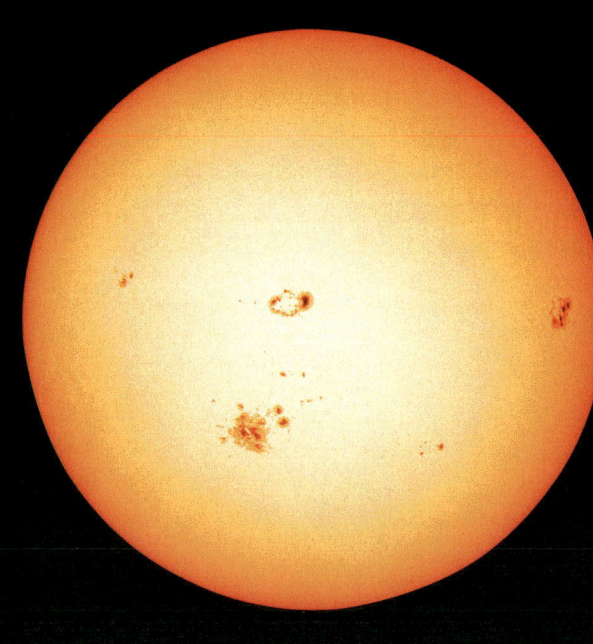

Die Sonne – Zentrum des Sonnensystems

Im Zentrum des Sonnensystems befindet sich die Sonne. Sie ist eine selbst leuchtende Gaskugel, die durch die Gravitationskraft ihrer eigenen großen Masse zusammengehalten wird. Im Zentralgebiet der Sonne wird ständig Energie freigesetzt, die an der Sonnenoberfläche in Form von Licht, Wärme und anderen elektromagnetischen Wellen sowie von Teilchen in den Weltraum abgestrahlt wird.

Die Sonne ist der größte und bei weitem massereichste Himmelskörper des Sonnensystems.

Ihr Durchmesser übertrifft alle Planetendurchmesser um ein Vielfaches, und ihre Masse ist etwa 750-mal größer als die Masse aller übrigen Körper des Sonnensystems zusammen. Deshalb bildet die Sonne das Massezentrum, um das sich alle Himmelskörper des Sonnensystems bewegen.

Die Planeten

Die nächst kleineren Himmelskörper im Sonnensystem sind die Planeten. In der Reihenfolge ihres Abstandes von der Sonne heißen sie Merkur, Venus, Erde, Mars, Jupiter, Saturn, Uranus und Neptun.

Planeten sind kugelähnliche Himmelskörper. Sie umlaufen die Sonne auf elliptischen Bahnen und reflektieren das Sonnenlicht. In ihrer Umlaufbahn sind sie die größten Körper. Die Bahnellipsen weichen nur geringfügig von der Kreisform ab.

Merkur und Venus bewegen sich innerhalb der Erdbahn; sie werden als innere Planeten bezeichnet. Die Planeten, deren Bahnen außerhalb der Erdbahn liegen, heißen äußere Planeten.
Die Planeten unterscheiden sich außer nach ihrem Sonnenabstand auch in ihren Durchmessern, ihren Massen und ihren mittleren Dichten.

Die Reihenfolge der Planeten

Die Satelliten (Monde)

Alle äußeren Planeten und die Erde werden von kleineren Himmelskörpern umkreist, den Monden. Der für uns wichtigste ist der Mond der Erde.

Monde sind Himmelskörper, die ihren Planeten umlaufen und das Licht der Sonne reflektieren.

Die Zwergplaneten

Zwergplaneten sind annähernd kugelförmige Himmelskörper, die die Sonne umlaufen. Sie unterscheiden sich von den Planeten dadurch, dass sie nicht die einzigen Körper in ihrer jeweiligen Umlaufbahn sind. Von den Monden unterscheiden sie sich dadurch, dass sie sich während ihres Umlaufs um die Sonne nicht gleichzeitig um einen Planeten bewegen.

Zwergplaneten sind annähernd kugelförmige Himmelskörper, die die Sonne umlaufen. Sie sind aber keine Monde und in ihrer jeweiligen Umlaufbahn nicht die einzigen Himmelskörper.

Erde

Tethys

Mond

Oberon

Triton

1

Die großen Satelliten im Vergleich zur Erde und zum Erdmond

Die Kleinkörper im Sonnensystem

Außer den Planeten, Zwergplaneten und Monden gibt es im Sonnensystem eine große Anzahl kleinerer Himmelskörper mit vergleichsweise sehr geringen Durchmessern und Massen, die Asteroiden, die Kometen und die Meteoroide.

Als Kleinkörper im Sonnensystem (engl. Small Solar System Bodies) werden Asteroiden, Kometen und Meteoroide bezeichnet.

Kometen und Meteorite wurden bereits im Altertum als auffällige und ungewöhnliche Himmelserscheinungen beobachtet (Bild 3).
Von den Asteroiden sind bis heute etwa 338 000 bekannt, wobei die tatsächliche Anzahl wohl in die Millionen gehen dürfte. Nur die wenigsten haben allerdings einen Durchmesser von mehr als 100 km.

2

Zwergplanet Ceres (Aufnahme des Hubble-Space-Telescopes)

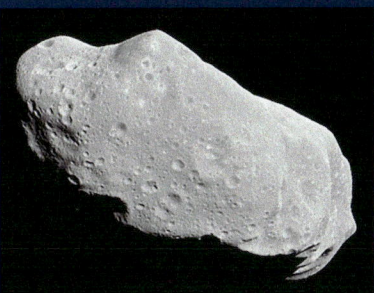

4

Asteroid Ida

Von dem donnerstein gefallē im rcij. Iar: vor Enſiſhem

Battenhēm

Enſißhem

3

Darstellung eines Meteoritenfalls aus dem Jahre 1492

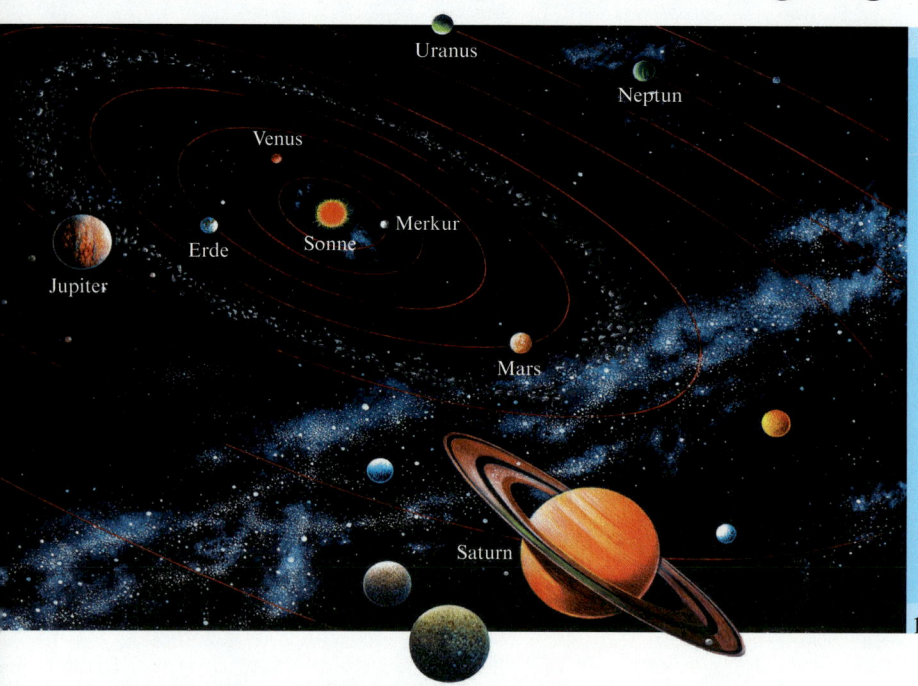

Uranus

Neptun

Venus

Merkur

Erde

Sonne

Jupiter

Mars

Saturn

1

Wie die Erde umrunden auch alle anderen Planeten die Sonne. Was kann man von dieser Bewegung von der Erde aus sehen?

Wie kamen die Menschen auf die Idee, die Erde umlaufe mit der unvorstellbaren Geschwindigkeit von 30 Kilometern in der Sekunde die Sonne? Sie entdeckten diese Bewegung durch Beobachtung der Bahnen der Planeten vor dem Hintergrund des sichtbaren Sternenhimmels, lange bevor ein direkter Beweis für die Bewegung der Erde gelang. Welche Bewegungen machen die Planeten am Himmel, und wie ist es möglich, aus ihnen auf die Bewegung der Erde zu schließen?

Die Beobachtung von Planeten

Manche Planeten (Venus, Mars Jupiter und Saturn, manchmal auch Merkur) fallen am Himmel dadurch auf, dass sie heller sind als alle benachbarten Sterne. Trotzdem sind sie in keiner Sternkarte verzeichnet, weil sie innerhalb von Tagen oder Wochen ihre Stellung relativ zu den Sternen deutlich verändern.

Bild 2 z. B. zeigt Mars im Löwen. Verfolgt man Mars über längere Zeit, bemerkt man, dass er sich vor dem unveränderlichen Hintergrund des Fixsternhimmels bewegt, meist von West nach Ost wie Sonne und Mond. Manchmal aber beginnt er zu zögern, wird immer langsamer und setzt schließlich seine Wanderung in der entgegen gesetzten Richtung fort – um einige Wochen später abermals umzukehren. Während dieser Zeit der Rückläufigkeit erreicht er seine größte Helligkeit.

122:33

Mars im Löwen am 1. 5. 1997, einmontiert die berechnete Marsschleife. Die Punkte markieren die Positionen im Abstand von zehn Tagen.

2

Diese Wanderung der Planeten kann bei Mars leicht mit bloßen Augen bemerkt und verfolgt werden, insbesondere dann, wenn auffällige Sternbilder (z. B. Löwe, Zwillinge oder Stier) in der Nähe sind.
Bei der Beobachtung mit einem kleinen Fernrohr beobachtet man außerdem eine deutliche Veränderung der scheinbaren Größe des Planeten und entdeckt, dass seine Gestalt nicht immer genau kreisförmig erscheint.

Beobachtet man die Planetenbewegungen viele Jahre hindurch – und das taten bereits die Menschen sehr früher Kulturen –, dann offenbaren sich, bei aller Vielfalt z. B. in der Gestalt der Rückwärtsbewegungen, auffällige Gemeinsamkeiten und Regelmäßigkeiten:

- Die Bahnen aller Planeten liegen sehr nahe bei der jährlichen scheinbaren Bahn der Sonne über den Sternenhimmel, der Ekliptik. Manchmal, wenn sie nahe beieinander stehen, markieren sie geradezu die Ekliptik am Himmel (Bild 1).

Übrigens

Das Wort „Planet" stammt aus dem Griechischen und bedeutet „Wanderer".

1

Saturn, Venus, Jupiter und Merkur am 28. 2. 1999

- Die meiste Zeit bewegen sich die Planeten, wie die Sonne, entgegen dem Uhrzeigersinn, d.h. von West nach Ost vor dem Fixsternhimmel; man sagt: sie sind **rechtläufig.**
- Manchmal kehren sie ihre Bewegungsrichtung um und laufen von Ost nach West. Diesen Teil ihrer Bewegung nennt man **rückläufig.** Durch diesen Wechsel zwischen Recht- und Rückläufigkeit entstehen schleifen-, s- oder z-förmige Bahnen.
- Mars bis Neptun sind rückläufig, wenn sie am Himmel der Sonne gerade gegenüberstehen. Man sagt dann: Sie stehen in **Opposition** zur Sonne.
- Merkur und Venus laufen während ihrer Rückläufigkeit an der Sonne vorbei. Sie sind dann in **unterer Konjunktion** mit der Sonne.
- Die Planeten laufen unterschiedlich schnell über den Himmel. Je langsamer sie sich bewegen, desto kleiner ist ihre Schleife, die sie während ihrer Rückläufigkeit durchlaufen – ein Hinweis auf ihre zunehmende Entfernung von der Erde.
- Während ihrer Schleife erreichen alle Planeten ihre größte Helligkeit.
- Merkur und Venus entfernen sich nie weit von der Sonne. Sie durchlaufen während ihres Umlaufs zweimal die Konjunktion: Beim zweiten Mal ist ihre Helligkeit relativ gering (**obere Konjunktion**). Sie heißen **innere Planeten.**

Übrigens

Wenn der Mond in Opposition zur Sonne steht, ist Vollmond. Der Neumond steht in Konjunktion zur Sonne.

– Mars bis Neptun können jeden Winkelabstand zur Sonne einnehmen. Während ihres Umlaufs kommen sie also einmal in Opposition, einmal in Konjunktion zur Sonne. Sie heißen **äußere Planeten.**

– Die Schleifen aller Planeten verschieben sich von Mal zu Mal gleichmäßig entlang der Ekliptik.

– Alle Planeten werden in regelmäßigen Zeitabständen rückläufig: Zwischen zwei Schleifen vergehen bei Merkur 116 Tage, bei Venus 584 Tage, bei Mars 780 Tage, bei Jupiter 399 Tage, bei Saturn 378 Tage, bei Uranus 370 Tage und bei Neptun 368 Tage. Diese Zeiten benötigen sie, um relativ zur Sonne wieder dieselbe Stellung (Opposition bzw. untere Konjunktion) einzunehmen. Deshalb bezeichnet man sie, wie beim Mond, als **synodische Umlaufzeiten.**

– Im Fernrohr erweisen sich die Planeten als Scheibchen, deren Durchmesser mit der synodischen Umlaufzeit periodisch variiert und während der Rückläufigkeit am größten wird.

– Merkur, Venus und Mars zeigen deutlich erkennbare Phasengestalten. Merkur und Venus nehmen, wie der Mond, alle Phasengestalten an; während der Rückläufigkeit erscheinen sie als schmale Sicheln. Mars bleibt immer mehr als halb zu sehen.

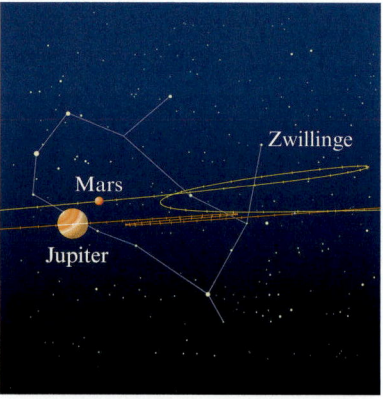

Oppositionsschleifen von Mars (2007/08) und Jupiter (2001/02) in den Zwillingen. Die Markierungen sind im Abstand von zwei Wochen gesetzt.

Die Erde als sich bewegender Beobachtungsstandort

Das geozentrische Weltsystem. Die Menschen im Altertum beschrieben die Planetenbewegungen so, wie sie sie erlebten, nämlich als Bewegungen, in deren Mittelpunkt sich die Erde befand (geozentrische Beschreibung). Dabei erhielten Kreisbewegungen als Sinnbild himmlischer oder göttlicher Vollkommenheit und Harmonie eine nicht hinterfragbare mystische Bedeutung.

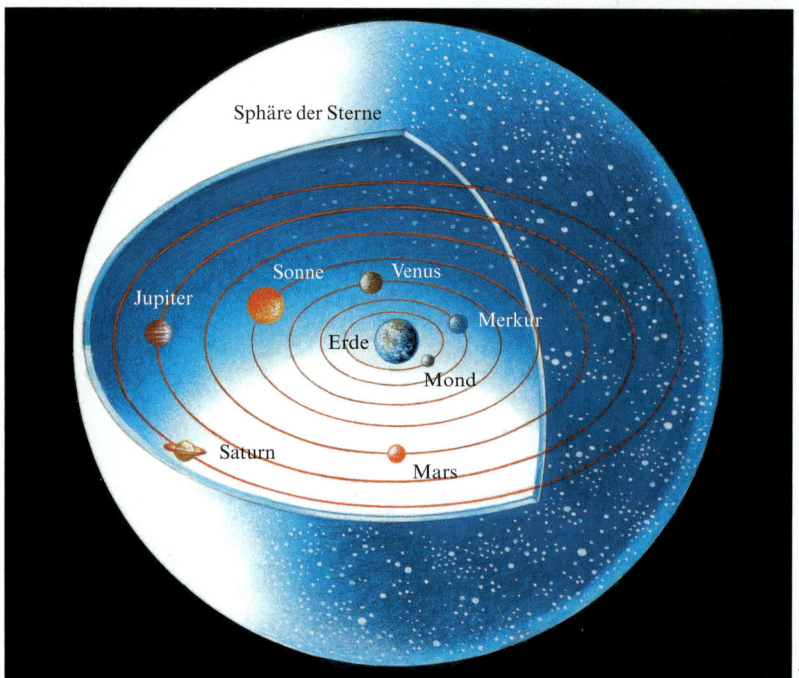

2 Das geozentrische Weltsystem

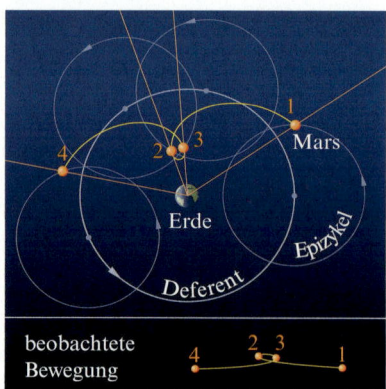

Die Bewegung von Mars geozentrisch beschrieben.

Der antiken Beschreibung der Planetenbewegungen lag die folgende Idee zugrunde: Im Mittel bewegt sich der Planet mit konstanter Geschwindigkeit auf seiner Bahn um die Erde. Das wird wiedergegeben durch die gleichförmige Bewegung eines Punktes auf einem Kreis, dem so genannten *Deferenten*, in dessen Mittelpunkt die Erde steht (Bild 3, vorhergehende Seite). Um die Ungleichförmigkeit und die Rückläufigkeit der Planetenbewegung zu erreichen, läuft der Planet seinerseits, mit demselben Umlaufsinn, auf einem Kreis, dem so genannten *Epizykel,* um diesen Punkt.

Das geozentrische System beschreibt die wesentlichen Eigenschaften der Planetenbewegung, nämlich ihre Regelmäßigkeit, ihre Rückläufigkeit und die mit ihr verbundene Helligkeitsschwankung: So ist z. B. leicht zu erkennen, dass der Planet während seiner Rückläufigkeit der Erde besonders nahe ist, also besonders hell erscheinen muss.

Das heliozentrische Weltsystem. Erst 1543 erkannte NIKOLAUS KOPERNIKUS, dass sich die komplizierte Form der beobachtbaren Planetenbahnen darauf zurückzuführen lässt, dass wir die Bewegung der Planeten von der *ihrerseits sich bewegenden Erde* aus beobachten. Er betrachtete statt der Erde die Sonne als Zentrum und ging davon aus, dass sich die Erde um ihre Achse dreht und zusammen mit den anderen Planeten die Sonne umläuft (heliozentrische Beschreibung).

NIKOLAUS KOPERNIKUS (1473–1543)

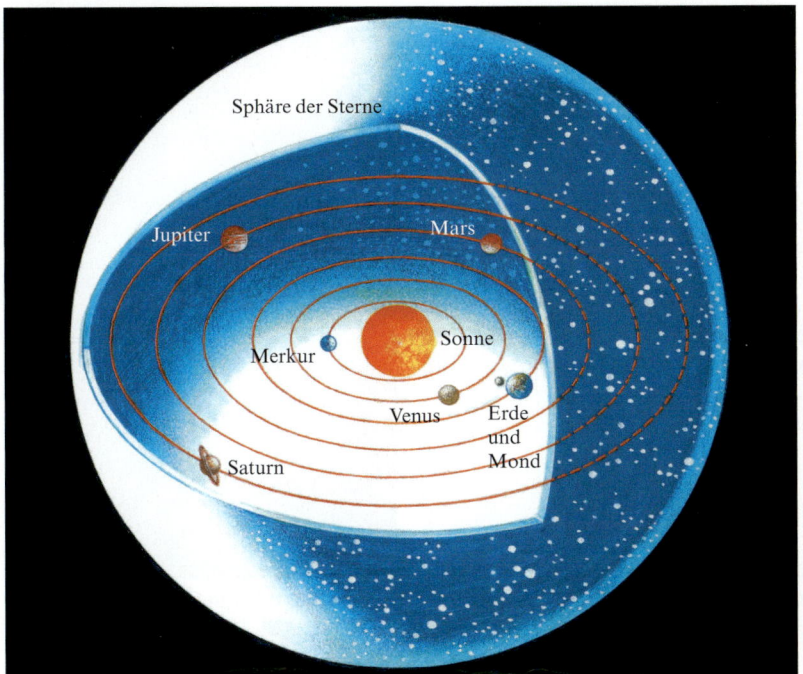

Das heliozentrische Weltsystem des NIKOLAUS KOPERNIKUS

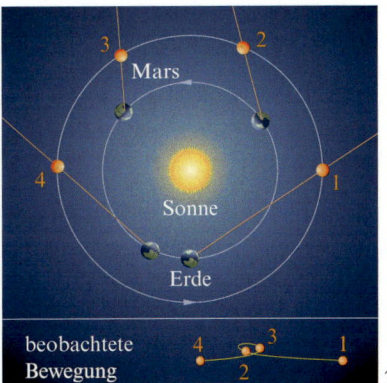

Die Bewegung von Mars heliozentrisch beschrieben.

Durch diese Bewegung der Erde um die Sonne verändert sich die Blickrichtung zu den Planeten; diese verändern dadurch ihre Stellung relativ zum Hintergrund der sehr viel weiter entfernten Sterne. Bewegte sich die Erde auf einem Kreis um die Sonne und hätte ein Planet eine feste Position im Weltraum, dann schiene er von der Erde aus im Takt der Erdbewegung vor den Sternen hin- und herzupendeln (Parallaxe, s. S. 28). Die tatsächlich beobachtete Bewegung ist eine Überlagerung dieser Hin- und Herbewegung mit der Eigenbewegung des Planeten (Bild 3).

Auch mit dieser Vorstellung kann man sich also die Regelmäßigkeit der Planetenbewegung erklären: Von der Erde aus gesehen wird ein äußerer Planet rückläufig, wenn er von der Erde überholt wird. Er steht dann in Opposition zur Sonne. Ein innerer Planet wird rückläufig, wenn die Erde ihrerseits von dem Planeten überholt wird. Dabei steht der Planet von der Erde aus in unterer Konjunktion zur Sonne. Bei beiden Überholvorgängen wird der Abstand zwischen Erde und Planet minimal.

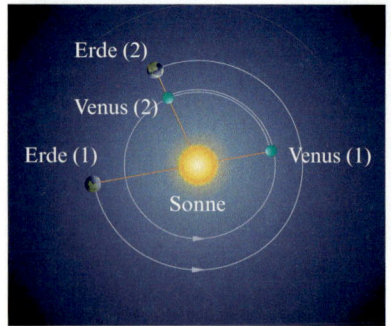
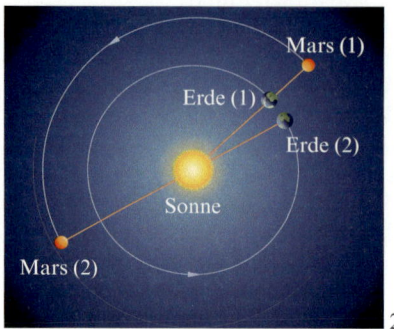

Venus in unterer und oberer Konjunktion (innerer Planet)

Mars in Opposition und Konjunktion (äußerer Planet)

Die Bahnradien der Planeten. Das heliozentrische System macht es möglich, den Bahnradius eines Planeten mit dem Radius der Erdbahn zu vergleichen. Die Entfernung zwischen Erde und Sonne ist dadurch zum „Maßstab" geworden, zur **Astronomischen Einheit (AE).**

Beispiel
Venus bleibt (von der Erde aus gesehen) immer relativ dicht bei der Sonne. Misst man ihre maximale Winkeldistanz α_{max} zur Sonne (das ist bei Venus leicht möglich, weil sie so hell ist, dass man sie kurz vor Sonnenuntergang gleichzeitig mit der Sonne am Himmel sehen kann!), dann hat in diesem Moment das Dreieck Erde-Sonne-Venus bei Venus einen rechten Winkel (Bild 3). Damit kennt man in diesem Dreieck alle Winkel. Man kann ein solches Dreieck aufzeichnen und daran das Verhältnis der Entfernungen von Venus und Erde von der Sonne ausmessen.
Bei Venus misst man $\alpha_{max} = 44°$. Daraus ergibt sich:
$$\frac{r_{Venus}}{r_{Erde}} = 0,7 \quad \text{oder} \quad r_{Venus} = 0,7 \, \text{AE}$$

Die Umlaufzeiten der Planeten. Darüber hinaus ist es möglich, aus den beobachtbaren synodischen Umlaufzeiten der Planeten ihre **siderischen Umlaufzeiten** zu berechnen, also herauszufinden, wie lange sie für eine Umkreisung der Sonne benötigen.

Beispiel
Die synodische Umlaufzeit von Jupiter beträgt 399 Tage. So lange dauert es also von einer „Überrundung" Jupiters durch die Erde zur nächsten. In dieser Zeit hat die Erde auf ihrem Umlauf den Winkel
$$\frac{360°}{365,25 \, \text{Tage}} \cdot 399 \, \text{Tage} = 393,26° \text{ überstrichen, Jupiter ist also um } 33,26°$$
um die Sonne gewandert. Für einen vollen Umlauf benötigt er demnach
$$\frac{399 \, \text{Tage}}{33,26°} \cdot 360° = 4318 \, \text{Tage. Die siderische Umlaufzeit Jupiters beträgt}$$
also knapp zwölf Jahre.

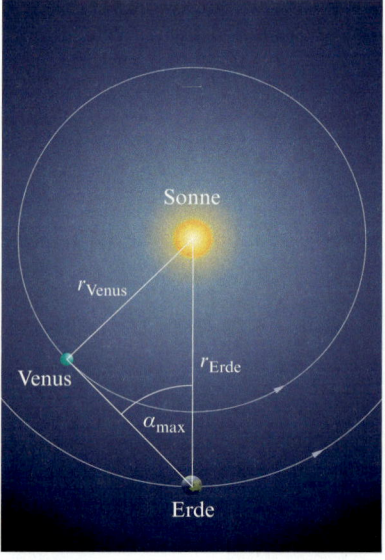

Bahnradius der Venus

Übrigens

Das Entfernungsverhältnis lässt sich auch berechnen:
$$\frac{r_{Venus}}{r_{Erde}} = \sin \alpha_{max}.$$

Aus den angegebenen synodischen Umlaufzeiten folgt auf diese Weise:

Planet	r (gerundet)	$T_{\text{synodisch}}$	$T_{\text{siderisch}}$	
Merkur	0,4 AE	116 Tage	88	Tage
Venus	0,7 AE	584 Tage	226	Tage
Erde	1,0 AE		1,0	Jahr
Mars	1,5 AE	780 Tage	1,9	Jahre
Jupiter	5 AE	399 Tage	12	Jahre
Saturn	10 AE	378 Tage	30	Jahre
Uranus	20 AE	370 Tage	85	Jahre
Neptun	30 AE	368 Tage	166	Jahre

Dabei zeigt sich, dass die Planeten umso länger für einen Umlauf um die Sonne benötigen, je weiter sie von ihr entfernt sind. Allerdings gibt es kein leicht erkennbares Gesetz für diesen Zusammenhang. Erst 1618, also 70 Jahre, nachdem KOPERNIKUS das heliozentrische System ausgearbeitet hatte, gelang es JOHANNES KEPLER, dieses Gesetz zu finden (s. S. 49).

Übrigens

Für einen äußeren Planeten gilt:

$$\frac{1}{T_{\text{sid}}} = \frac{1}{1\,\text{a}} - \frac{1}{T_{\text{syn}}}$$

Für einen inneren Planeten gilt entsprechend:

$$\frac{1}{T_{\text{sid}}} = \frac{1}{1\,\text{a}} + \frac{1}{T_{\text{syn}}}$$

(1 a = 1 Jahr)

Kepler'sche Gesetze und Gravitationsgesetz

Mit der neuen Rechenmethode gelangen keine besseren Vorhersagen zukünftiger Planetenpositionen als mit dem geozentrischen System. Die Ursache dafür war, dass auch KOPERNIKUS noch davon ausging, dass sich die Planeten mit konstanter Geschwindigkeit auf Kreisen bewegen. Erst JOHANNES KEPLER (1571 bis 1630) fand 1609 heraus, dass er die beobachtete Bewegung von Mars nur erklären konnte, wenn er statt der Kreise Ellipsen annahm:

1. Kepler'sches Gesetz: Die Planeten bewegen sich auf Ellipsen, in deren einem Brennpunkt die Sonne steht.

Der Abstand eines Planeten von der Sonne ändert sich also während eines Umlaufs: Größter und kleinster Abstand sind zusammen doppelt so groß wie die große Halbachse der Ellipse.

Übrigens

Eine Ellipse ist der geometrische Ort aller Punkte einer Ebene, für die die Summe ihrer Entfernungen von zwei festen Punkten, den Brennpunkten der Ellipse, gleich groß ist. „Gärtnerkonstruktion": Mit zwei Erdpflöcken und einer Fadenschlaufe lässt sich ein Beet in Form einer Ellipse abstecken.

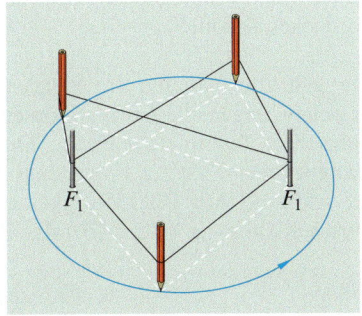

1

Die Ellipsenform weicht umso stärker von einem Kreis ab, je weiter die beiden Brennpunkte bei fester Fadenlänge voneinander entfernt sind. Das Verhältnis aus dem Abstand eines Brennpunktes einer Ellipse vom Mittelpunkt und der großen Halbachse heißt numerische Exzentrizität ε der Ellipse.

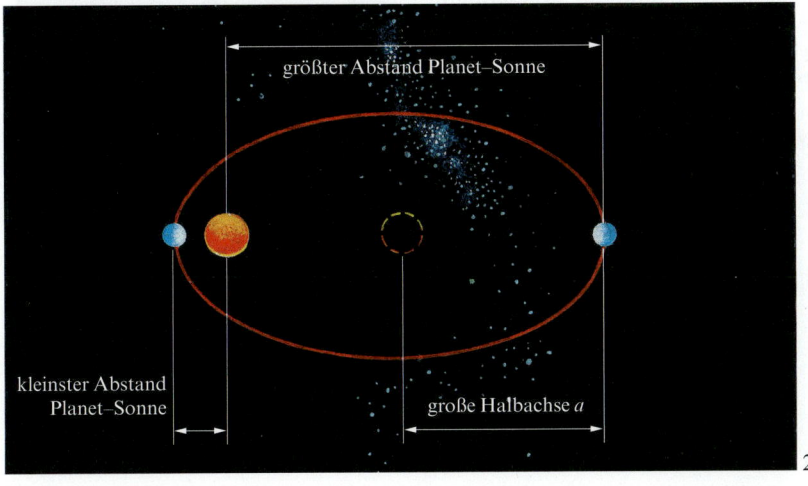

größter Abstand Planet–Sonne
kleinster Abstand Planet–Sonne
große Halbachse a

2

Zusätzlich fand KEPLER heraus, dass sich die Geschwindigkeit der Planeten auf ihrer Bahn um die Sonne ändert: Die Planeten bewegen sich in Sonnennähe schneller als in Sonnenferne (Bild 1):

> 2. Kepler'sches Gesetz: Die Verbindungslinie Sonne – Planet überstreicht in gleichen Zeiten gleiche Flächen.

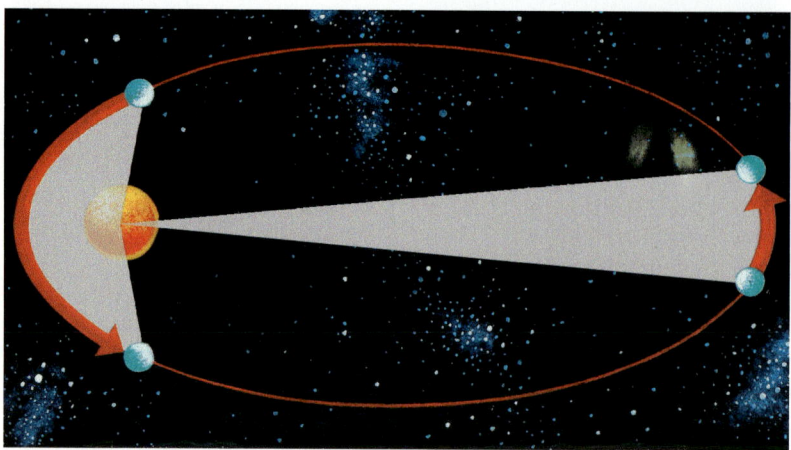

Die grauen Flächen sind gleich groß. Die zu den Flächen gehörenden Bahnabschnitte werden vom Planeten in der gleichen Zeit durchlaufen.

Die Ellipse der Marsbahn. Die Ellipsen in den Bildern 2 (S. 47) und 1 sind übertrieben „exzentrisch", d. h. übertrieben lang gestreckt, gezeichnet: Bei ihnen liegen die Brennpunkte viel weiter auseinander als bei den Planetenbahnen. KEPLER fand seine Gesetze anhand der Beobachtungsdaten der Marsbahn. Wie wenig diese von einem Kreis abweicht, zeigt Bild 2, in der die Marsbahn in ihrer tatsächlichen Form dargestellt ist: Die Marsbahn ist ein fast perfekter Kreis. Allerdings befindet sich die Sonne nicht in seinem Mittelpunkt. Die anderen Planetenbahnen (außer die von Merkur, der aber schwierig zu beobachten ist) weichen noch weniger von der Kreisform ab. Es ist deshalb bewundernswert, dass KEPLER die Ellipsenform überhaupt entdecken konnte!

Da sich alle Planeten am Sternenhimmel in der Nähe der Sonnenbahn bewegen, liegen alle Umlaufbahnen der Planeten um die Sonne, von außen betrachtet, fast in einer Ebene. Die geringe Abweichung, die so genannte **Bahnneigung i,** hat zur Folge, dass die Planeten, von der Erde aus betrachtet, während ihrer Rückläufigkeit sich nicht nur hin- und herbewegen, sondern schleifen- , s- oder z-förmige Bahnen durchlaufen.

Vergleich der Marsbahn mit einem Kreis.

Planet	Exzentrizität ε	Bahnneigung i
Merkur	0,21	7,0°
Venus	0,01	3,4°
Erde	0,02	0°
Mars	0,09	1,8°
Jupiter	0,05	1,3°
Saturn	0,06	2,5°
Uranus	0,05	0,8°
Neptun	0,01	1,8°

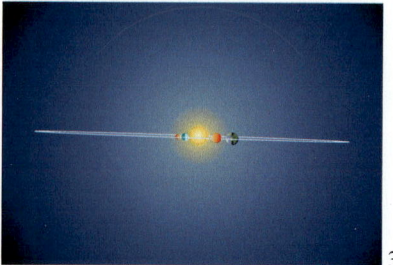

Alle Planetenbahnen liegen fast genau in einer Ebene.

Erst 1619, zehn Jahre nach der Formulierung seiner ersten beiden Gesetze, gelang es KEPLER, aus den Daten der Planetenbewegungen den Zusammenhang zwischen Bahnradius und Umlaufzeit herauszulesen:

> 3. Kepler'sches Gesetz: Die Quadrate der Umlaufzeiten der Planeten verhalten sich wie die dritten Potenzen der großen Halbachsen ihrer Bahnellipsen. $\dfrac{T_1^{\,2}}{T_2^{\,2}} = \dfrac{a_1^{\,3}}{a_2^{\,3}}$

JOHANNES KEPLER (1571–1630)

Darin bedeuten:
T_1, T_2 – Umlaufzeiten der Planeten 1 und 2,
a_1, a_2 – große Halbachsen der Bahnellipsen der Planeten 1 und 2.

Bringt man dieses Gesetz in die Form $\dfrac{a_1^{\,3}}{T_1^{\,2}} = \dfrac{a_2^{\,3}}{T_2^{\,2}}$, dann erkennt man, dass der Quotient $\dfrac{a^3}{T^2}$ für alle Planeten denselben Wert hat.

Gravitationsgesetz. Mit seinen Gesetzen konnte KEPLER die künftigen Planetenpositionen sehr viel genauer vorherberechnen, als das bis dahin möglich gewesen war.
Trotzdem setzte sich das heliozentrische System endgültig erst durch, als ISAAC NEWTON physikalisch begründete, warum sich die Planeten so und nicht anders bewegen. NEWTON konnte zeigen, dass sich alle drei Kepler'schen Gesetze aus einem einzigen Kraftgesetz ableiten lassen.

> Newton'sches Gravitationsgesetz: Alle Körper ziehen sich gegenseitig an. Diese Gravitationskräfte sind entlang der Verbindungslinie gerichtet.
> Für ihren Betrag F gilt: $F = \gamma \dfrac{m_1 \cdot m_2}{r^2}$

ISAAC NEWTON (1643–1727)

Dabei sind m_1 und m_2 die Massen der beiden Körper und r ihr Abstand. Die Konstante γ heißt **universelle Gravitationskonstante.** Sie hat den Wert $\gamma = 6{,}67 \cdot 10^{-11} \dfrac{\text{N} \cdot m^2}{\text{kg}^2}$.

Das Gravitationsgesetz ist eines der grundlegenden Naturgesetze im Kosmos. Mit seiner Hilfe lassen sich die Massen der Sonne und der Planeten, also auch der Erde, bestimmen und die Bahnbewegungen der Monde und Kometen und aller anderen Himmelskörper berechnen.

Die Wägung der Erde. NEWTON brauchte für seinen Beweis den Wert der Gravitationskonstanten nicht zu kennen. Erst später gelang es bei einem Experiment in einem irdischen Labor, die Gravitationsanziehung zwischen zwei Körpern zu messen und damit die Gravitationskonstante zu bestimmen. Dieses Experiment wurde auch als „Wägung der Erde" bezeichnet, weil man leicht die Masse der Erde bestimmen kann, wenn der Wert der Gravitationskonstanten bekannt ist:
Wenn sich ein Körper mit der Masse $m = 1\,\text{kg}$ auf der Erdoberfläche befindet, wird er von der Erde mit der Gewichtskraft $F = 9{,}8\,\text{N}$ angezogen. Der Körper hat einen Abstand von $6\,370\,\text{km}$ vom Erdemittelpunkt. Wenn man diese Werte in das Gravitationsgesetz einsetzt, ergibt sich die Masse der

Erde zu $m_{\text{Erde}} = \dfrac{F \cdot r^2}{\gamma \cdot m} = 6{,}0 \cdot 10^{24}\,\text{kg}$.

Die Größe des Sonnensystems

Nach Einführung des heliozentrischen Weltbildes konnte man durch Winkelmessungen am Himmel die Entfernungen aller Planeten von der Sonne als Vielfaches der Entfernung Erde–Sonne bestimmen. Diese Entfernung ist aber so groß, dass sie sehr schwierig zu messen ist. Sie war deshalb zur Zeit des KOPERNIKUS nicht gut bekannt. Der aus der Antike ungeprüft übernommene Wert war um den Faktor 20 zu klein – und damit auch die Vorstellung über die Größe des Sonnensystems!

Der Wert der Astronomischen Einheit. Wenn man die Sonne von beiden Polen der Erde aus anpeilt, beträgt der Parallaxenwinkel nur 17,8″, also nur den 200sten Teil eines Grades. Das ist z. B. der Winkel, unter dem man eine 1-Euro-Münze in einer Entfernung von 270 m sieht! Aus diesem Winkel ergibt sich:

> Die Entfernung der Sonne von der Erde beträgt etwa das 24 000fache des Erdradius. Im Jahresmittel beträgt sie 149,6 Millionen Kilometer.

Es ist jedoch unmöglich, die Sonnenentfernung auf diese Weise direkt zu messen. Man ist stattdessen auf indirekte Methoden angewiesen.

Halbmond und Sonnenentfernung. ARISTARCH VON SAMOS hatte um 270 v. Chr. die geniale Idee, die Entfernung zur Sonne zu messen, indem er bei Halbmond den Winkelabstand zwischen Sonne und Mond am Himmel bestimmte. Seine Idee war Folgende:
Er betrachtete das Dreieck Erde–Mond–Sonne. Bei Halbmond ist der Winkel beim Mond genau 90°. Wenn man in diesem Dreieck einen zweiten Winkel messen kann, kennt man alle Winkel. Man kann dann ein maßstabgetreues Dreieck zeichnen und darin ausmessen, wie viel Mal weiter die Sonne entfernt ist als der Mond.

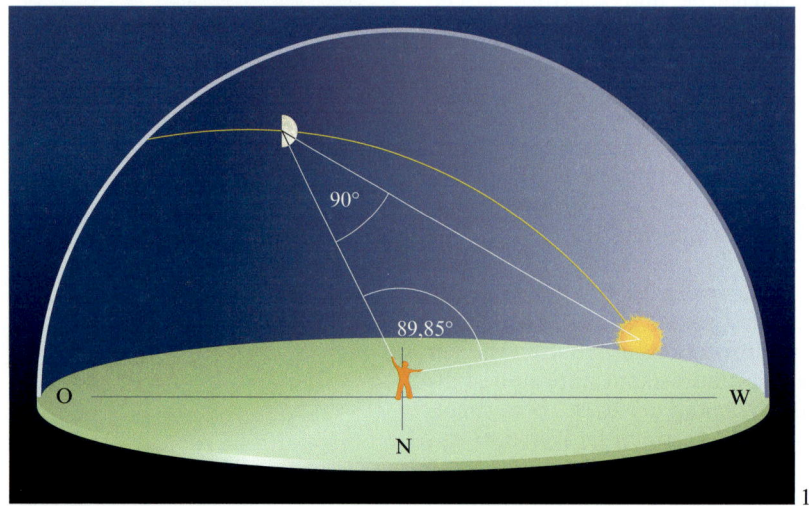

1 ARISTARCHS Methode zur Messung der Sonnenentfernung

ARISTARCH gab für den Winkelabstand zwischen Halbmond und Sonne 87° an. In Wirklichkeit beträgt er jedoch 89,85°. Die Schwierigkeit, diesen Winkel genau genug zu messen, besteht darin, den Zeitpunkt zu bestimmen, zu dem der Mond genau halb beleuchtet ist.

Wie kann die Entfernung zur Sonne tatsächlich gemessen werden?
Die Grundidee bei der geometrischen Messung der Astronomischen Einheit besteht darin, nicht die Entfernung zur Sonne direkt zu messen, sondern eine kleinere Entfernung im Sonnensystem zu bestimmen und diese anschließend hochzurechnen.
Die erste solche Messung gelang 1672 an Mars, der in Opposition zur Sonne nur etwa halb so weit entfernt ist wie die Sonne. Dabei wurde Mars von Paris und von Südamerika aus gleichzeitig angepeilt und seine Position am Sternenhimmel vermessen.

Venus kommt in ihrer unteren Konjunktion der Erde noch näher als Mars. Allerdings wird sie dabei fast immer von der Sonne überstrahlt. Nur ganz selten – etwa alle 120 Jahre zweimal – läuft Venus so genau zwischen Erde und Sonne hindurch, dass sie als schwarzes Scheibchen vor der Sonne sichtbar wird (Bild 1).

Venus vor der Sonne
(Venustransit am 8.6. 2004)

Wenn man einen solchen **Venustransit** von weit entfernten Orten auf der Erde beobachtet und die Position der Venus vor der Sonne gleichzeitig sehr genau vermisst, ergeben sich für Venus verschiedene Positionen vor der Sonne.

Bild 2 zeigt die Montage von zwei Fotos, die während des Venustransits am 8.6.2004 von Deutschland und Namibia aus gleichzeitig aufgenommen wurden. Sie wurden so vergrößert, dass die Sonne auf beiden Bildern gleich groß aussieht, und so gedreht, dass bei beiden Bildern Norden oben ist.
Die beiden Venuspositionen unterscheiden sich ungefähr um den Radius des Venusscheibchens. Aus dieser Verschiebung kann die Entfernung zur Venus berechnet werden.

Heute ist es möglich, Venus mit Radar anzupeilen und mit riesigen Radarantennen einen winzigen Teil des reflektierten Radarsignals wieder aufzufangen. Radarstrahlen sind elektromagnetische Wellen, die sich im Weltraum mit Lichtgeschwindigkeit ausbreiten. Aus der Zeit, die ein Signal für Hin- und Rückweg benötigt, lässt sich dann bei bekannter Lichtgeschwindigkeit die Entfernung zur Venus berechnen.

Die Masse der Sonne. NEWTON zeigte, dass aus seinem Gravitationsgesetz der folgende Zusammenhang zwischen der Masse m_S der Sonne, der Masse m_P eines Planeten, seiner Umlaufzeit T und dem Radius r seiner (als kreisförmig angenommenen) Umlaufbahn folgt:

$$\frac{r^3}{T^2} = \frac{\gamma}{4\pi^2} \cdot (m_S + m_P) .$$

Da die Masse der Sonne viel größer ist als die des Planeten, kann man die Planetenmasse gegenüber der Sonnenmasse vernachlässigen.
Dann erkennt man, dass diese Beziehung gerade das 3. Kepler'sche Gesetz darstellt.

Das für alle Planeten gleiche Verhältnis $\frac{r^3}{T^2}$ ist ein Maß für die Masse der

Sonne, für die sich $m_S = 1,99 \cdot 10^{30}$ kg ergibt. Die Sonne ist damit 333 000-mal so schwer wie die Erde!

Auf diese Weise lässt sich die Masse eines Gestirns bestimmen, wenn man die Umlaufzeit und den Bahnradius eines seiner Planeten kennt.

Übrigens

Die lange Signallaufzeit zwischen Erde und Mars macht sich sehr störend bemerkbar, wenn ein Roboter auf Mars von der Erde aus gesteuert werden soll.

Übrigens

Die Sonne ist 750-mal so schwer wie alle Planeten des Sonnensystems zusammen.

Die Kopernikanische Revolution

Das Problem, die Schleifenbahnen der Planeten vorherzusagen und zu erklären, hat die Menschheit 2000 Jahre lang beschäftigt. In den Planetenspuren sehen wir heute die Bewegung der Erde um die Sonne. Aber dazu musste erst die richtige Interpretation gefunden werden.

Bereits ARISTARCH VON SAMOS hatte im 2. Jahrhundert v. Chr. die Idee, die Form der Planetenbahnen am Sternenhimmel darauf zurückzuführen, dass wir die Bewegung der Planeten von der ihrerseits sich bewegenden, nämlich die Sonne umlaufenden Erde aus beobachten. Seine Idee konnte sich jedoch nicht durchsetzen, weil sie zu sehr der unmittelbaren Wahrnehmung widerspricht.

Erst 1700 Jahre später, 1543, beschrieb NIKOLAUS KOPERNIKUS die Planetenbahnen wieder aus der Sicht eines Planeten Erde und arbeitete dieses Modell detailliert mathematisch aus. Da sein System aber nicht nur der Anschauung, sondern auch der Lehrmeinung der katholischen Kirche widersprach, ließ er offen, ob er sein System als besonders einfache Rechenmethode vorschlug oder ob er es als Modell für die Wirklichkeit verstanden wissen wollte. Trotzdem setzte er mit seinem Buch „Über die Kreisbewegungen der Weltkörper" einen so tief greifenden Wandel des Weltbildes in Gang, dass wir heute von der Kopernikanischen Revolution sprechen.

Allerdings brauchte die Vorstellung, die Erde drehe sich nicht nur um ihre eigene Achse, sondern laufe einmal im Jahr mit unvorstellbarer Geschwindigkeit um die Sonne, nach KOPERNIKUS noch fast 150 Jahre, um sich gegen die Jahrtausende alte Überzeugung durchzusetzen, die ruhende Erde sei – außerhalb der Mondbahn – von einer perfekten Welt voller göttlicher Harmonie umgeben. Diese Harmonie äußerte sich in den Kreisbewegungen des Himmels und der Planeten.

Als JOHANNES KEPLER herausfand, dass sich die Planetenbahnen mit Ellipsen viel genauer beschreiben lassen als mit Kreisen, zerstörte er die Vorstellung, Gottes Wirken äußere sich in perfekten Kreisbewegungen.
Einen wesentlichen Beitrag zur Überwindung des geozentrischen Systems leistete GALILEO GALILEI. Er richtete als erster Mensch das Fernrohr zum Himmel und machte dort Beobachtungen, die zwei Grundüberzeugungen erschütterten:
– Er entdeckte, dass Jupiter von vier Monden umkreist wird. Die Erde ist also nicht der einzige „Mittelpunkt" in der Welt.

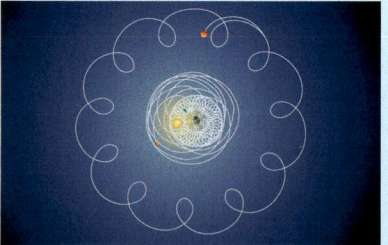

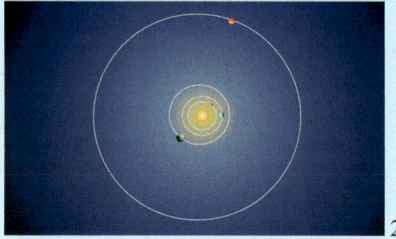

Das Sonnensystem während 16 Jahren, geozentrisch (oben) bzw. heliozentrisch betrachtet.

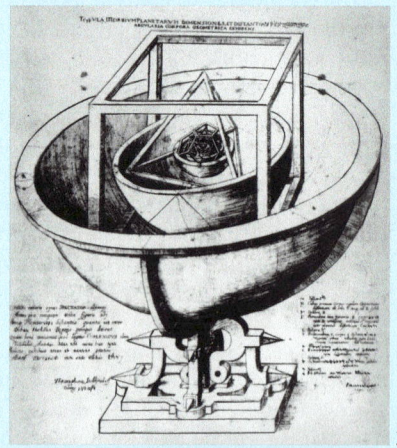

Weltgeheimnismodell von KEPLER

Jupiter mit den vier Galilei'schen Monden

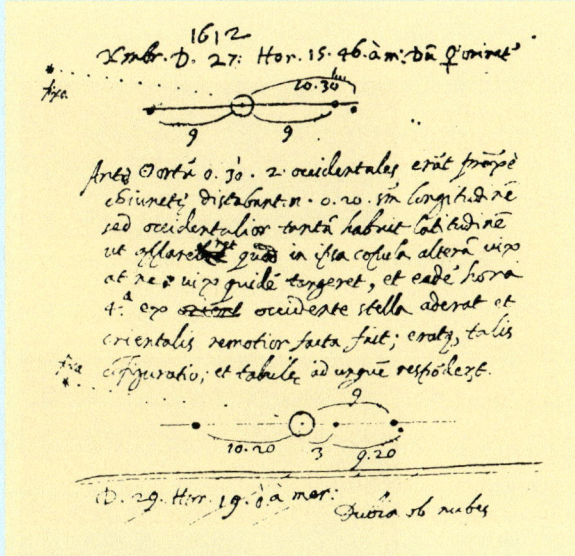

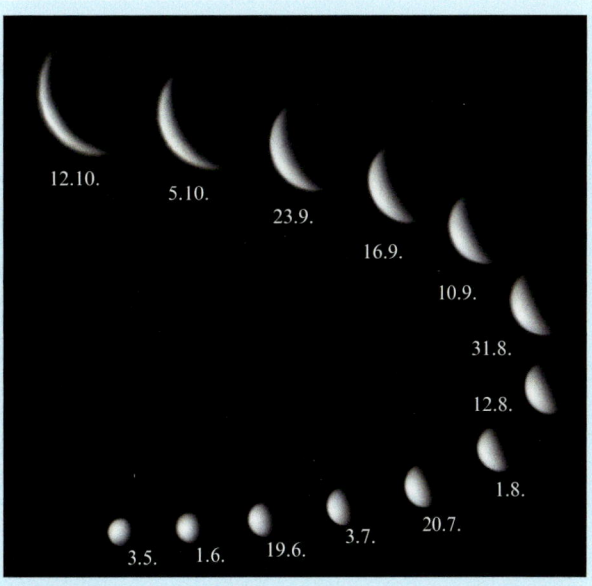

Handschriftliche Aufzeichnungen von GALILEI zu den Jupiterbeobachtungen

Einige Venusphasen (2002)

– Er sah, dass Venus im Laufe ihres Umlaufs alle Phasengestalten annimmt. In der Nähe ihrer oberen Konjunktion zeigt sie sich uns als „Vollvenus", muss also hinter der Sonne stehen – im Gegensatz zum geozentrischen System, in dem sich Deferent und Epizykel der Venusbewegung innerhalb der Sonnenbahn befanden.

Diese Beobachtungen stützten zwar das heliozentrische System, bewiesen es aber für die katholische Kirche nicht. GALILEI wurde in einem Inquisitionsprozess gezwungen, seine Überzeugung öffentlich zu widerrufen.

Entscheidend für die Durchsetzung des Kopernikanischen Systems war die Formulierung des Gravitationsgesetzes durch ISAAC NEWTON. Er konnte damit nicht nur alle Kepler'schen Gesetze ableiten. Er hob mit seinen Bewegungsgesetzen auch die grundsätzliche Trennung zwischen Himmel und Erde auf, indem er zeigte, dass die Umläufe der Planeten und die Bewegungen auf der Erde denselben Gesetzen gehorchen.

Der direkte Nachweis für den Umlauf der Erde um die Sonne gelang erst 1838, als FRIEDRICH WILHELM BESSEL die erste Fixsternparallaxe maß (s. S. 92).

GALILEO GALILEI (1564–1642)

Übrigens

In seinem Schauspiel „Das Leben des Galilei" hat der deutsche Dichter BERTOLT BRECHT (1898–1956) die Auseinandersetzung GALILEIS mit der Kirche in Rom über die Weltsysteme auf die Bühne gebracht. Das Stück beginnt mit dem Text: „In dem Jahr sechzehnhundert und neun schien das Licht des Wissens hell zu Padua aus einem kleinen Haus. GALILEO GALILEI rechnete aus: Die Sonn steht still, die Erd kommt von der Stell."

GALILEI wurde erst 1992 – 350 Jahre nach seinem Tod – durch den Papst vom Vorwurf der Ketzerei freigesprochen.

Titelbild von GALILEIS „Dialogo"

Projekt

Planetenbeobachtungen

Die hellen Planeten (Venus, Mars, Jupiter und Saturn) lassen sich meist einfach am Himmel finden, weil sie durch ihre Helligkeit auffallen, trotzdem nicht in einer Sternkarte gefunden werden können und immer in der Nähe der Ekliptik stehen. Ihre Bewegung lässt sich, insbesondere bei Venus und Mars, schon mit dem bloßen Auge bemerken. Besonders einfach ist das, wenn helle Sterne in der Nähe stehen

Für genauere Beobachtungen und Aufzeichnungen brauchst du ein Fernglas und eine gute Sternkarte, in die du die Positionen eintragen kannst.

AUFTRAG 1

Beobachte die Bewegung des Mars und zeichne sie auf!

Besonders in der Zeit nach der Opposition lässt sich Mars abends gut beobachten. Gute Karten der entsprechenden Himmelsgegenden findest du im Internet. Versuche die Mars benachbarten Sterne in der Karte zu identifizieren. Präge dir die Stellung von Mars bezüglich dieser Sterne so genau wie möglich ein. Besonders einfach sind regelmäßige geometrische Figuren wie Geraden und gleichschenklige, rechtwinklige oder gleichseitige Dreiecke zu behalten. Trage die Positionen in die Sternkarte ein und beschrifte sie mit dem Beobachtungsdatum.

AUFTRAG 2

Auch Jupiterschleifen eignen sich zur Aufzeichnung. Geeignete Karten findest du im Internet Da sich Jupiter nur langsam bewegt und nur eine kleine Schleife durchläuft, ist für diese Beobachtung ein Fernglas erforderlich.

AUFTRAG 3

Beobachte die Jupitermonde!

Die vier großen Jupitermonde – in der Reihenfolge ihres Abstandes zu Jupiter: Io, Europa, Ganymed und Kallisto – bieten schon in einem Fernglas oder einem kleinen Fernrohr einen faszinierenden Anblick. Bereits innerhalb einiger Stunden kannst du eine deutliche Veränderung ihrer Positionen beobachten. Bereits nach 24 Stunden ist es nicht einfach, sie „wieder zu erkennen", d. h. zu entscheiden, welcher der Lichtpunkte den Positionen des vergangenen Tages zuzuordnen ist.

1. Skizziere mehrere Tage nacheinander die Positionen der vier Monde relativ zu Jupiter. Versuche dazu, dir am Fernrohr die Abstände als Vielfaches des Jupiterdurchmessers einzuprägen.
2. Besonders eindrucksvoll ist es, den Beginn oder das Ende einer Verfinsterung zu beobachten: Einer der Monde verschwindet plötzlich oder taucht wieder auf, obwohl er sich nicht unmittelbar bei Jupiter befindet. In astronomischen Jahrbüchern, mit einem astronomischen Computerprogramm oder im Internet kannst du die Zeitpunkte für solche Ereignisse finden.

Die s-förmige Venusbahn (3. 4. bis 7. 8. 2004) ist wegen der Nähe zur Sonne nur teilweise zu beobachten.

Beispiel für die Aufzeichnung der Bewegung des Mars

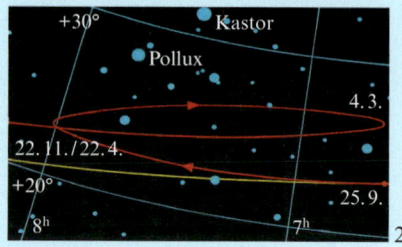

GALILEIS Beobachtung der Jupitermonde

Übrigens

Der dänische Astronom OLE RØMER hat 1675 anhand langfristiger Beobachtungen der Verfinsterungen von Io erstmals die Lichtgeschwindigkeit gemessen.

AUFGABEN

1. Wie kann man am Himmel einen Planeten von einem Stern unterscheiden?
2. Warum sind die Planeten während ihrer Rückläufigkeit besonders hell?
3. Erkläre, warum die Helligkeit von Saturn viel weniger variiert als die von Mars!
4. Erkläre, warum wir Venus im Fernrohr sowohl als „Vollvenus" als auch als schmale Sichel sehen können, Mars dagegen immer mehr als halb beleuchtet erscheint! Warum sieht Saturn von der Erde aus immer „voll" aus?
5. Welche Unterschiede bestehen zwischen „inneren" und „äußeren" Planeten!
6. Von einer Vollvenus zur folgenden vergehen 584 Tage. Berechne aus dieser Angabe, wie lange Venus für einen Umlauf um die Sonne benötigt!
7. Bestätige anhand der Tabelle auf S. 47 das 3. Kepler'sche Gesetz!
8. Berechne
   a) die Masse der Erde aus der Gewichtskraft eines Körpers an der Erdoberfläche,
   b) die Masse der Sonne aus Abstand und Umlaufzeit der Erde!

9. Die Gewichtskraft eines Körpers auf dem Mond beträgt nur 1/6 des Wertes auf der Erde. Der Radius des Mondes beträgt 1738 km. Berechne aus diesen Angaben die Masse des Mondes!
10. Die Umlaufzeit des innersten Jupitermondes Io beträgt 1,769 Tage, sein Bahnradius 422 000 km. Wie groß ist die Masse Jupiters?
11. Wie kann man am Himmel erkennen, dass sich alle Planeten nahezu in einer Ebene um die Sonne bewegen?
12. Berechne die Bahngeschwindigkeiten der Planeten. Wie hängen Bahnradius und Geschwindigkeit miteinander zusammen?
13. Wie weit wäre Mars in seiner Oppositionsstellung von der Erde entfernt, wenn die Sonne nur 20-mal so weit entfernt wäre wie der Mond?
14. Wie groß ist die Entfernung zur Sonne, wenn die Erde Anfang Juli (Januar) den größten (kleinsten) Abstand zur Sonne erreicht?
15. Bei einem Venustransit stellt man fest, dass die Entfernung zwischen Erde und Venus 45 Mill. km beträgt. Welcher Wert für die Astronomische Einheit ergibt sich daraus?

ZUSAMMENFASSUNG

Geozentrische Beschreibung

Die Planeten bewegen sich am Sternenhimmel immer in der Nähe der Ekliptik.

Ein Planet steht in Konjunktion mit der (Opposition zur) Sonne, wenn er in derselben Richtung am Himmel steht wie die Sonne (der Sonne am Himmel gegenüber steht).

Ein innerer Planet wird bei unterer Konjunktion rückläufig.

Ein äußerer Planet wird bei Opposition rückläufig.

Der Planet bewegt sich gleichförmig auf seinem (kreisförmigen) Epizykels. Der Mittelpunkt des Epizykels bewegt sich gleichförmig auf dem (kreisförmigen) Deferenten um die Erde.

Heliozentrische Beschreibung

Alle Planetenbahnen liegen ungefähr in derselben Ebene.

Bei Konjunktion steht der Planet zwischen Erde und Sonne (untere Konjunktion) oder die Sonne zwischen Planet und Erde (obere Konjunktion). Bei Opposition steht die Erde zwischen Sonne und Planet.

Bei unterer Konjunktion überholt der innere Planet die Erde.

Bei Opposition überholt die Erde den äußeren Planeten.

Der Planet wird von der Erde aus beobachtet, die gleichförmig auf einem Kreis die Sonne umläuft. Der Planet umläuft die Sonne gleichförmig auf einem Kreis.

1. **Kepler'sches Gesetz:** Die Planeten bewegen sich auf Ellipsen, in deren einem Brennpunkt die Sonne steht.

2. **Kepler'sches Gesetz:** Die Verbindungslinie Sonne–Planet überstreicht in gleichen Zeiten gleiche Flächen.

3. **Kepler'sches Gesetz:** Die Quadrate der Umlaufzeiten der Planeten verhalten sich wie die dritten Potenzen der großen Halbachsen ihrer Bahnellipsen.

Gravitationsgesetz:

$$F = \gamma \, \frac{m_1 \cdot m_2}{r^2} \qquad \gamma = 6{,}67 \cdot 10^{-11} \, \frac{\mathrm{N} \cdot \mathrm{m}^2}{\mathrm{kg}^2}$$

Astrologie

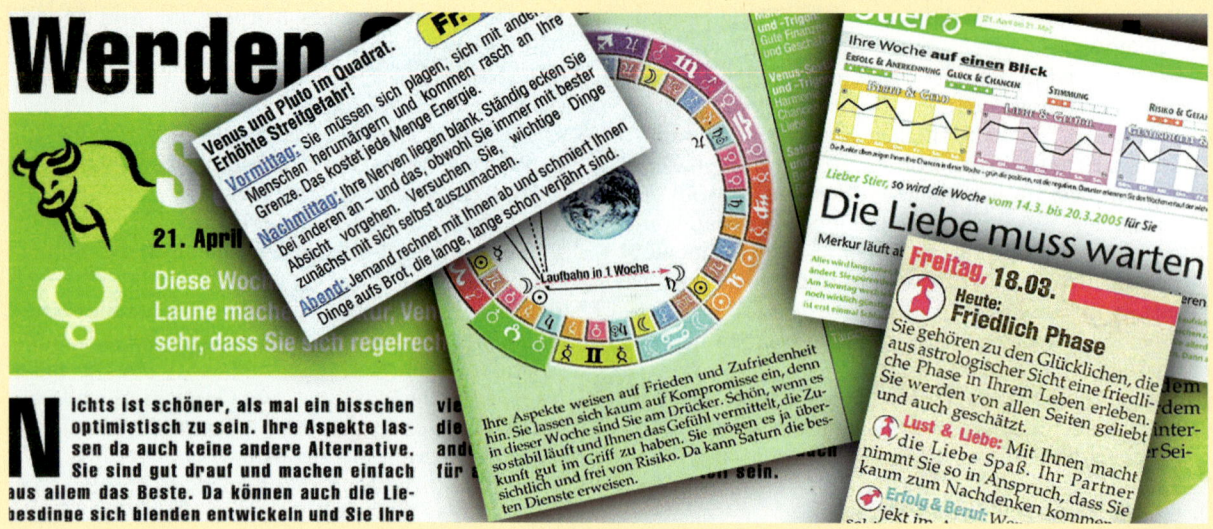

Jede Woche werden viele Zeitschriften mit Vorhersagen und Ratschlägen wie diesen verkauft. Welche Folgerungen kann ein im Sternzeichen Stier Geborener daraus ableiten?

Wenn du gefragt wirst, was Astrologie ist und was sie für dich bedeutet, fällt dir wahrscheinlich sofort dein „Sternzeichen" ein und vielleicht noch die Horoskope, die täglich oder wöchentlich in Zeitungen abgedruckt werden. Solche Horoskope geben vor, individuelle Ratschläge zur Lebensführung zu geben. Sie bestehen aber immer aus sehr allgemein gehaltenen Sätzen. Wie könnte es auch anders sein, wenn sie für alle Menschen, die innerhalb von dreißig Tagen Geburtstag haben, Gültigkeit haben sollen?
Vergleicht man die Horoskope verschiedener Zeitungen für dieselbe Gruppe von Menschen und für denselben Tag, stellt man fest, dass sie sich völlig unterscheiden (Bild 1). Wie ist es dazu gekommen, dass sich viele Menschen von solchen Horoskopen Orientierungshilfe versprechen?

Die Anfänge der Astrologie reichen in die Frühzeit der Menschheit zurück, als die Menschen in den Vorgängen in der Natur noch kaum Regelmäßigkeiten und Zusammenhänge erkennen konnten. Alles wurde auf das Wirken höherer Mächte oder Götter zurückgeführt, die die Menschen willkürlich und unvorhersehbar lenkten.
Als es gelang, in den Bewegungen am Himmel Regelmäßigkeiten zu entdecken und diese zur Vorhersage zukünftiger himmlischer Ereignisse zu nutzen, z. B. der Bewegungen des Mondes und des Zeitpunktes von Mond- und Sonnenfinsternissen, entstand der Wunsch, mit diesen Regeln auch Ordnung ins irdische Leben zu bringen. Damit entwickelte sich die Vorstellung, das Leben auf der Erde sei wie die Vorgänge am Himmel vorherbestimmt. Durch genaue Beobachtung des Himmels könne es vielleicht gelingen, das menschliche Schicksal aus dem Lauf der Gestirne abzulesen, wie den Wechsel der Jahreszeiten aus dem Lauf der Sonne, – und ihm vielleicht zu entgehen.
Dieser Wunsch, Regelmäßigkeiten am Himmel aufzufinden und sie auf das irdische Leben zu übertragen, war Jahrtausende lang eine wesentliche Triebfeder für die systematische Beobachtung des Himmels und für die immer genauere Beschreibung und Vorhersage seiner Bewegungen. So sind viele der berühmtesten Astronomen, z. B. CLAUDIUS PTOLOMÄUS und JOHANNES KEPLER, auch Astrologen gewesen, die astrologische Regeln für das Leben nach den Planetenbewegungen aufstellten und für ihre Arbeitgeber Horoskope erstellten.

In der seriöseren Astrologie wird versucht, aufgrund des *Geburtshoroskops* eine Art psychoanalytisches Gutachten zu erstellen. Dabei wird davon ausgegangen, dass der Himmel im Moment der Geburt den Charakter eines Menschen anzeigt (wie eine Uhr die Zeit) oder ihn beeinflusst (wie das Wetter das Wachstum von Pflanzen). Dem Geburtshoroskop sollen deshalb Entwicklungstendenzen, Lebenschancen und -gefahren entnommen werden können.

Das Geburtshoroskop ist ein Abbild des Himmels zum Zeitpunkt der Geburt. Es zeigt die Stellung der Sterne der Ekliptik relativ zum Horizont in Gestalt der so genannten *Tierkreiszeichen* und die Stellung der astrologischen Planeten (dazu zählen außer den tatsächlichen Planeten auch Sonne und Mond) relativ zu ihnen. Tierkreiszeichen und Planeten werden durch astrologische Symbole dargestellt (Bild 1). Außerdem wird der Tierkreis, ausgehend vom *Ascendenten,* das sind die Sterne, die bei Geburt gerade aufgehen, gleichmäßig in zwölf *Häuser* eingeteilt: Die Sterne des ersten Hauses gehen während der ersten zwei Stunden nach Geburt auf, die des zweiten Hauses in der dritten und vierten Stunde usw. Als *Sternzeichen* eines Menschen bezeichnet man das Tierkreiszeichen, in dem die Sonne zum Zeitpunkt seiner Geburt stand.

Bild 2 zeigt das Geburtshoroskop LUDWIG VAN BEETHOVENS, der am 16. 12. 1770 geboren wurde. Der Stand der Sonne über dem Horizont zeigt, dass die Geburt nachmittags, vielleicht gegen 15 Uhr erfolgte. Genauer kann man den Zeitpunkt mit einem astronomischen Programm bestimmen, das zu jedem beliebigen Zeitpunkt für jeden Ort der Erde die Stellung des Sternenhimmels und der Planeten berechnen kann. Dann kann man die Uhrzeit so einstellen, dass z. B. Uranus wie im Horoskop gerade aufgegangen ist – etwa 14.30 Uhr!

Bei der Erstellung eines Horoskops geht man gerade anders herum vor: Für den Zeitpunkt der Geburt wird der Sternenhimmel des Geburtsortes berechnet. Heute ist das mit einem Computerprogramm kein Problem mehr, früher erforderte es sehr gute astronomische Kenntnisse.

Sternzeichen	Planeten
♈ Widder	☉ Sonne
♉ Stier	☽ Mond
♊ Zwillinge	☿ Merkur
♋ Krebs	♀ Venus
♌ Löwe	♂ Mars
♍ Jungfrau	♃ Jupiter
♎ Waage	♄ Saturn
♏ Skorpion	⛢ Uranus ♅
♐ Schütze	♆ Neptun
♑ Steinbock	♇ Pluto ♇ ♇ ♇
♒ Wassermann	
♓ Fische	

1 Astrologische Symbole für Tierkreiszeichen und Planeten

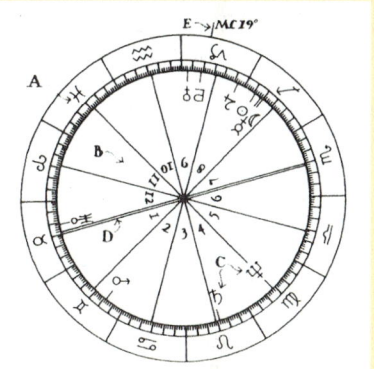

2 Geburtshoroskop BEETHOVENS, geb. vermutlich am 16. 12. 1770 (ca. 14.15 Uhr MEZ).

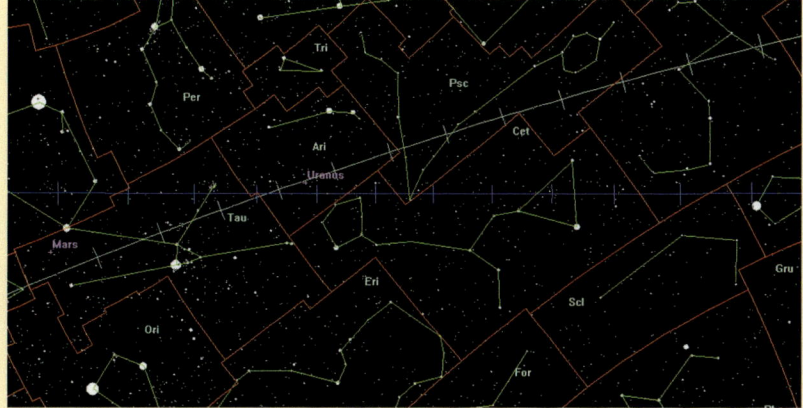

3 Der östliche Sternenhimmel zu BEETHOVENS Geburt. Die blaue Linie ist der Horizont.

AUFGABEN

1. Beschreibe den Sternenhimmel zu BEETHOVENS Geburt. Stelle die drehbare Sternkarte entsprechend ein.
2. Welche Planeten waren im Laufe der Nacht sichtbar, die auf BEETHOVENS Geburt folgte?
3. Informiere dich im Internet oder in Nachschlagewerken über das Leben von CLAUDIUS PTOLOMÄUS und JOHANNES KEPLER. Welche Bedeutung hatte die Astrologie für KEPLER?

Vergleicht man den Sternenhimmel zu BEETHOVENS Geburt (Bild 3, S. 57) mit seinem Geburtshoroskop, fällt auf, dass Uranus tatsächlich im Sternbild Widder stand – und nicht im Stier, wie das Horoskop anzeigt. Der Teil der Ekliptik, der zum Sternbild Stier gehört, war zum Zeitpunkt der Geburt noch vollständig unter dem Horizont und nicht – wie im Horoskop – bereits zur Hälfte aufgegangen.

Tatsächlich stimmen die astrologischen Tierkreiszeichen nicht mit den astronomischen Sternbildern gleichen Namens überein. Die Tierkreiszeichen werden festgelegt, indem die Ekliptik, ausgehend vom Frühlingspunkt, in zwölf gleich große Abschnitte eingeteilt wird. Ihre Namen entsprechen den Sternbildern, durch die der entsprechende Abschnitt der Ekliptik im Altertum ging, als die Namen für die Sternzeichen eingeführt wurden. Aber der Frühlingspunkt ist nicht fest! Die Ursache dafür ist die so genannte *Präzession:* Die Richtung der Erdachse ist über lange Zeiträume nicht konstant, sondern beschreibt wie die Achse eines Kinderkreisels einen Kegel um die Senkrechte zur Ekliptik (Bild 1).

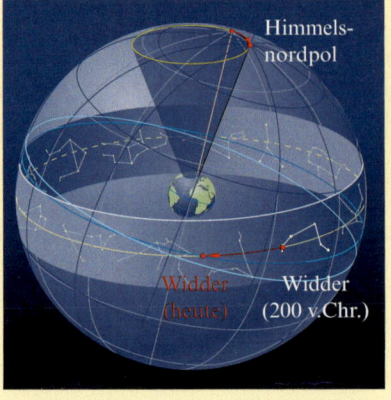

1

Als Folge davon beschreibt der Himmelsnordpol in ca. 26 000 Jahren am Himmel einen Kreis mit einem Winkelradius von 23,5°, und die Schnittpunkte zwischen Ekliptik und Himmelsäquator durchlaufen in dieser Zeit einmal die ganze Ekliptik. Dadurch ist der Frühlingspunkt seit dem Altertum um fast 30° auf der Ekliptik weitergerückt, und die Tierkreiszeichen und Sternbilder haben sich fast um ein ganzes Zeichen gegeneinander verschoben. So deckt sich in unserer Zeit z. B. das Tierkreiszeichen Zwillinge nahezu mit dem Sternbild Stier.

Durch die Präzession der Erdachse hat sich in den letzten 2 000 Jahren der Frühlingspunkt um fast 30° auf der Ekliptik verschoben.

Bei der Interpretation eines Horoskops werden den Planeten bestimmte Kräfte zugeschrieben, und die Tierkreiszeichen zeigen, wie sich diese Kräfte ausdrücken (z. B. harmonisch in der Waage, verschwommen in den Fischen), und die Häuser zeigen an, wo sie sich auswirken.

Als wichtig werden außerdem die Eigenschaften angesehen, die Tierkreiszeichen und Planeten zugeschrieben werden. Die Wirkungen werden weiter modifiziert durch die so genannten *Aspekte,* das sind die Winkel, die die Planeten im Horoskop miteinander bilden: Winkel von 60° und 120° werden als günstig, solche von 90° und 180° als ungünstig interpretiert.

Bei der Gesamtdeutung eines Horoskops sind schließlich so viele Faktoren zu berücksichtigen (je nach astrologischer „Schule" 1000 bis 5 000!), dass aus einem Horoskop fast alles herausgelesen werden kann.

Übrigens

Seit 2006 zählt Pluto nicht mehr zu den Planeten. Sind nun alle Horoskope falsch, die unter Berücksichtigung Plutos erstellt wurden? Darf Pluto ab sofort bei der Erstellung von Horoskopen nicht mehr berücksichtigt werden? Oder haben von nun an alle Kleinplaneten Einfluss auf unseren Charakter und unser Schicksal?

Die astrologischen Aussagen über den Einfluss der Planeten und Tierkreiszeichen auf die Menschen entbehren jeder Logik: Sie sind vor langer Zeit festgelegt worden und wurden nicht angepasst, als sich der Frühlingspunkt verschob (wodurch heute ganz andere Sterne hinter den Tierkreiszeichen stehen). Als neue Planeten entdeckt wurden, wurden neue Regeln (Aspekte usw.) hinzuerfunden. Ein zeitgenössisches Geburtshoroskop BEETHOVENS hätte Uranus, Neptun und Pluto noch nicht enthalten können, da diese Planeten noch nicht entdeckt waren. Die Frage, ob diese drei Planeten BEETHOVENS Charakter und Leben trotzdem beeinflussen konnten und ob die astrologische Lebensberatung Beethovens durch ihre Berücksichtigung besser geworden wäre, bleibt unbeantwortet.

2

Kennzeichen einer Wissenschaft ist es, dass Lehrsätze immer wieder neu geprüft und evtl. aufgrund von Erfahrungen modifiziert werden. In diesem Sinne ist Astrologie sicher keine Wissenschaft. Sie hält an ihren Aussagen und Methoden fest, obwohl durch statistische Untersuchungen immer wieder gezeigt wird, dass Übereinstimmungen zwischen astrologischen Vorhersagen und tatsächlichen Charaktereigenschaften oder Ereignissen reiner Zufall sind.

So können weder Testpersonen aus drei astrologischen Persönlichkeitsbeschreibungen diejenige herausfinden, die aufgrund des eigenen Geburtshoroskops erstellt wurde, noch können Astrologen aus drei psychologischen Gutachten das zu einer Person passende herausfinden, von der sie das Geburtshoroskop kennen. Bei vielen solchen statistischen Tests mit sehr vielen Testpersonen sind immer nur so viele richtige Antworten gegeben worden, als wenn sie mit einem Würfel zufällig ausgewählt worden wären. Ein weltbekannter Statistiker, der sich sein Leben lang mit solchen Tests befasst hat, fasst seine Erfahrungen folgendermaßen zusammen:

„Jede Anstrengung der Astrologen, ihr Grundpostulat zu verteidigen, dass nämlich die Bewegungen der Sterne und Planeten das Schicksal vorbestimmen können, ist fehlgeschlagen. … Statistiker haben ein für alle Mal alte Argumente erledigt: Die Zahlen sprechen ohne Voreingenommenheit, und sie lassen keinen Raum für einen Zweifel. Wer immer behauptet, die Zukunft durch Befragen der Sterne vorhersagen zu können, betrügt entweder sich oder andere."

Wenn trotzdem die Astrologie wieder Hochkonjunktur hat und viele Menschen Geld für offensichtlich widersprüchliche „Vorhersagen" und „Ratschläge" ausgeben, ist das vielleicht ein Ausdruck dafür, dass die Menschen in schwierigen und unsicheren Zeiten nach Sinn und Sicherheit suchen. Das uralte Bedürfnis der Menschen, in die eigene Zukunft sehen zu können, kann jedoch durch die Astrologie nicht befriedigt werden. Auch Begründungen (oder gar Entschuldigungen) für das eigene Handeln lassen sich aus ihren Aussagen nicht ableiten.

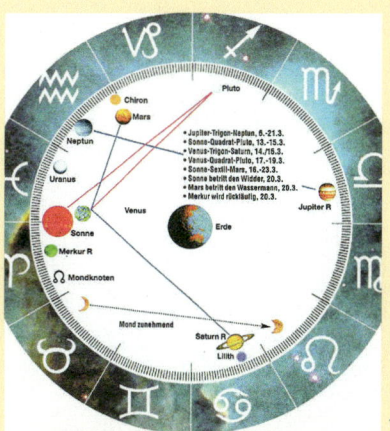

In manchen Zeitungen wird nicht die Sonne im Geburtsmonat, sondern die aktuelle Sonne in Beziehung zu den Planeten gesetzt.

AUFGABEN

1. Die in Bild 1 auf S. 56 gezeigten Zeitungsausschnitte beziehen sich alle auf im Sternzeichen Stier Geborene und auf dieselbe Woche. Vergleiche!
2. Nimm Stellung zu der Aussage:
   „Früher dachte ich immer, alles sei meine Schuld. Seit ich immer meine Horoskope lese, weiß ich, dass es nicht so ist."!
3. Jeder Mensch hat 240 bis 1 000 „Horoskopzwillinge", die gleichzeitig mit ihm geboren wurden. Aber es gab nur einen JOHANN SEBASTIAN BACH und nur einen JOHANN WOLFGANG VON GOETHE. Was meinst du dazu?
4. Vergleiche die Stellung der Planeten in den Sternbildern bei BEETHOVENS Geburt (Bild 2) mit seinem Horoskop (Bild 2, S. 57)!

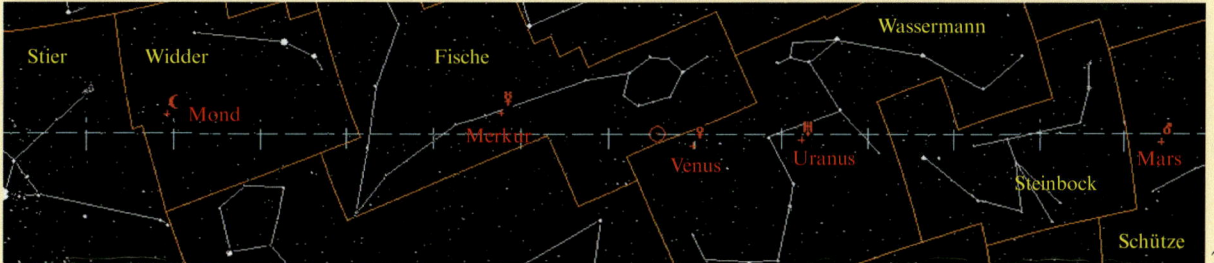

Sternbilder und Planeten entlang der Ekliptik zur Zeit von BEETHOVENS Geburt.

Im Juli des Jahres 1994 ereignete sich im Sonnensystem eine „kosmische Katastrophe". Ein Komet war in eine lange Kette von Bruchstücken zerfallen, und diese Trümmer stürzten mit Geschwindigkeiten um 60 km/s auf den Planeten Jupiter. Gewaltige Feuerpilze – so groß wie die Erde – und tiefschwarze Rauchwolken konnten von der Erde aus schon mit kleinen Fernrohren gesehen werden.

1

Erdähnliche und jupiterähnliche Planeten

Jeder der acht Planeten des Sonnensystems hat unverwechselbare Eigenschaften, die ihn eindeutig charakterisieren. Aber es gibt auch Ähnlichkeiten und man kann die Planeten in zwei deutlich unterschiedliche Gruppen einteilen:

Die vier sonnennächsten Planeten sind relativ klein und haben auch kleine Massen, jedoch hohe mittlere Dichten.
Die vier nach außen hin folgenden Planeten sind groß und haben große Massen, jedoch geringe mittlere Dichten.

Nach dem jeweils größten Körper bezeichnet man die Planeten Merkur, Venus, Erde und Mars als **erdähnliche Planeten.** Es sind Festkörper mit einem relativ großen Eisenkern.
Jupiter, Saturn, Uranus und Neptun werden **jupiterähnliche Planeten** genannt. Es sind Himmelskörper mit weit ausgedehnten Wasserstoff- und Heliumatmosphären, die bei Uranus und Neptun zu Eis gefroren sind. Die jupiterähnlichen Planeten heißen deshalb auch Gasplaneten.

Planet	Radius in Erdradien	Masse in Erdmassen	mittlere Dichte in $\frac{g}{cm^3}$
Merkur	0,38	0,06	5,43
Venus	0,95	0,82	5,24
Erde	1,00	1,00	5,52
Mars	0,53	0,11	3,93
Jupiter	11,26	317,90	1,31
Saturn	9,46	95,15	0,69
Uranus	3,98	14,54	1,27
Neptun	3,88	17,20	1,71

Physikalische Größen der Planeten

Merkur

Merkurs mittlere Dichte gleicht der der Erde. Wahrscheinlich besitzt er, wie die Erde, einen Nickel-Eisen-Kern. Wegen der großen Sonnennähe und der kleinen Masse kann Merkur keine Atmosphäre halten. Die Temperatur auf seiner Tagseite beträgt 300 °C bis 430 °C. In der Merkurnacht sinkt sie bis auf −180 °C ab. Merkur besitzt keinen Mond. In 58,6 Erdtagen dreht er sich einmal um seine Achse.

Infolge der Nähe zur Sonne ist Merkur nur selten und nur unter günstigen Bedingungen kurz vor Sonnenaufgang oder bald nach Sonnenuntergang am Himmel aufzufinden. Im Fernrohr ist dann ähnlich wie beim Mond deutlich eine Phasengestalt zu erkennen. Manchmal verläuft sein Weg – von der Erde aus gesehen – vor der Sonnenscheibe.

Venus

Die Venus ist der Erde nach ihrer Masse und ihrem Durchmesser von allen Planeten am ähnlichsten. Aber die Bedingungen an der Venusoberfläche sind lebensfeindlich. In dieser Hinsicht unterscheidet sie sich grundlegend von der Erde.

Die Venus ist von einer sehr dichten Atmosphäre umgeben. Ihre dicke Wolkendecke verhindert den Blick auf die Oberfläche dieses Planeten. Der Atmosphärendruck auf der Venusoberfläche ist so groß wie der Wasserdruck eines irdischen Ozeans in 950 m Tiefe. Das ist das 95fache des Luftdrucks an der Erdoberfläche! Die Venusatmosphäre besteht zu 96 % aus Kohlenstoffdioxid und zu 3,5 % aus Stickstoff, in ihr schweben Wolken aus gasförmiger Schwefelsäure. Die Helligkeit an der Venusoberfläche gleicht der eines trüben Herbsttages auf der Erde.

Der hohe Anteil von CO_2 wirkt wie eine Wärmefalle: Die von der Sonne kommende Strahlung wird weitgehend hineingelassen. Beim Auftreffen auf die Oberfläche wird sie in Wärmestrahlung umgewandelt, für die die Atmosphäre sehr schlecht durchlässig ist. Dadurch heizt sie sich auf (Treibhauseffekt). Die Temperatur an der Venusoberfläche wurde zu etwa 450 °C ermittelt. Flüssiges Wasser kann es darum dort nicht geben.

Auf der festen Venusoberfläche wurden Höhenunterschiede von 12 km bis 16 km festgestellt. Zwei große Hochländer sind irdischen Kontinenten vergleichbar. Wahrscheinlich gibt es noch aktive Vulkane.

Die mittlere Dichte der Venus ist nur wenig kleiner als die der Erde. Deshalb kann auch hier ein metallischer Kern angenommen werden. Die Venus dreht sich in 243,1 Tagen einmal um ihre Achse, jedoch ist ihre Rotationsrichtung der aller anderen Planeten entgegengesetzt. Merkur und Venus besitzen keine Monde.

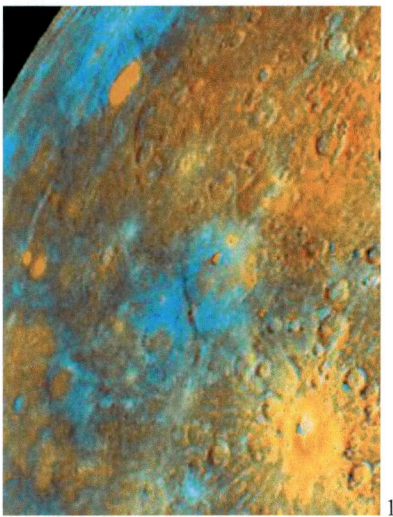

1

Die Oberfläche des Merkur ist der des Mondes ähnlich: Sie ist von Kratern übersät. (Falschfarben-Aufnahme)

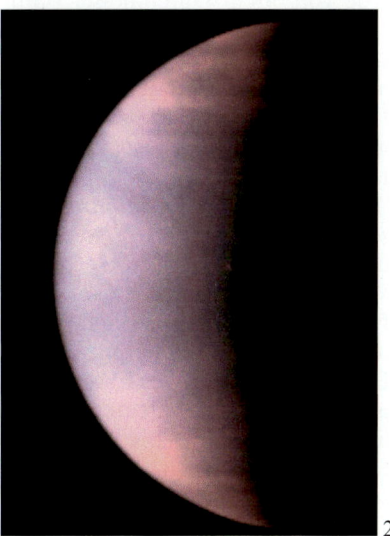

2

Venus. Aufnahme des Hubble-Space-Telescopes

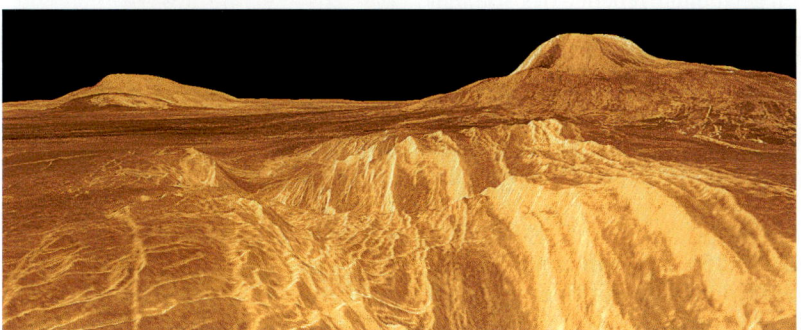

3 Radarbild von der Oberfläche der Venus

Erde – unser blauer Planet

Die Erde hat aus dem Weltraum betrachtet eine bläuliche Oberfläche, und sie ist von einem blauen Lichtsaum umgeben. Deshalb ist es zutreffend, vom „blauen Planeten" zu sprechen.

Die Erde hat eine Masse von $6 \cdot 10^{24}$ kg und ist aus kosmischer Sicht ein eher kleiner Himmelskörper.

Die Masse der Erde reicht aus, dauerhaft eine Atmosphäre zu halten. Die Atmosphäre besteht aus 78 % Stickstoff und 21 % Sauerstoff. Den Rest bilden Edelgase und Kohlenstoffdioxid. Die Dichte der Lufthülle nimmt nach oben stark ab. Die Masse der Atmosphäre beträgt $5 \cdot 10^{18}$ kg, wovon sich 90 % in den unteren 20 km befinden.

Die Atmosphäre mit dem darin enthaltenen Sauerstoff ist eine der wesentlichen Bedingungen für das Leben auf der Erde. Darüber hinaus bildet sie einen Schutzschild gegen Meteorite, kurzwellige Sonnen- und Teilchenstrahlung. Von besonderer Bedeutung ist die vor allem zwischen 20 km und 50 km Höhe befindliche Ozonschicht. Ozon absorbiert die lebensfeindliche Ultraviolett- und die Röntgenstrahlung, die von der Sonne und anderen kosmischen Quellen zur Erde gelangen.

Der Erdkörper hat die Gestalt einer an den Polen abgeplatteten Kugel: Äquatordurchmesser – 12 756 km, Poldurchmesser – 12 714 km.

Daraus ergibt sich eine Abplattung von 1 : 300. Denkt man sich eine Modellerde von 30 cm Durchmesser (Globus), dann wäre der Poldurchmesser 1 mm kleiner als der Äquatordurchmesser.

Die Erdkruste hat eine Dicke von 30 km bis 70 km, unter den Ozeanen – die mehr als zwei Drittel der Erdoberfläche bedecken – sind es nur etwa 6 km. Darunter liegt bis in 2 900 km Tiefe der ebenfalls feste oder plastische Erdmantel. Der Erdkern ist in seiner äußeren Schicht wahrscheinlich flüssig, im Innern fest (Bild 2).

71 % der Erdoberfläche sind von Wasser bedeckt. Diese ozeanischen Wassermassen sind in der Lage, große Mengen thermischer Energie zu speichern und zeitlich verzögert wieder an Luft und Land abzugeben. Neben dem Wind trägt auch das Wasser erheblich zur Erosion der Erdoberfläche bei. In der Frühzeit der Erdgeschichte dürften auch gewaltige Meteoritenfälle das Antlitz der Erde geprägt haben.

Die mittlere Dichte der Erde beträgt $5{,}52 \, \text{g} \cdot \text{cm}^{-3}$. Die tatsächliche Dichte ist in den äußeren Schichten geringer (bis zu $3 \, \text{g} \cdot \text{cm}^{-3}$), im Erdkern erheblich höher ($10 \, \text{g} \cdot \text{cm}^{-3}$ bis $16 \, \text{g} \cdot \text{cm}^{-3}$).

Die Temperatur steigt im Erdinnern mit zunehmender Tiefe auf einige Tausend Grad an.

Die Erde besitzt ein Magnetfeld. Es geht vom Erdinnern aus und reicht in den erdnahen Raum hinaus. Die elektrisch geladenen Teilchen des Sonnenwindes treten mit dem Magnetfeld der Erde in Wechselwirkung: Die Teilchen werden abgelenkt, sodass sie die Erdoberfläche nicht erreichen. Dabei wird das Magnetfeld deformiert. Auf der Nachtseite der Erde reicht es viel weiter in den Raum als auf der Tagseite (siehe auch S. 86).

Altersbestimmungen ergaben eine Zeit von etwa 4,5 Milliarden Jahren seit Entstehung des Planeten Erde und von rund 3,8 Milliarden Jahren seit der Verfestigung der Erdkruste.

Die Erde umkreist die Sonne einmal in 365,256 Tagen in einem durchschnittlichen Abstand von 149,6 Millionen Kilometern mit einer mittleren Geschwindigkeit von 29,8 km/s.

Erde 1

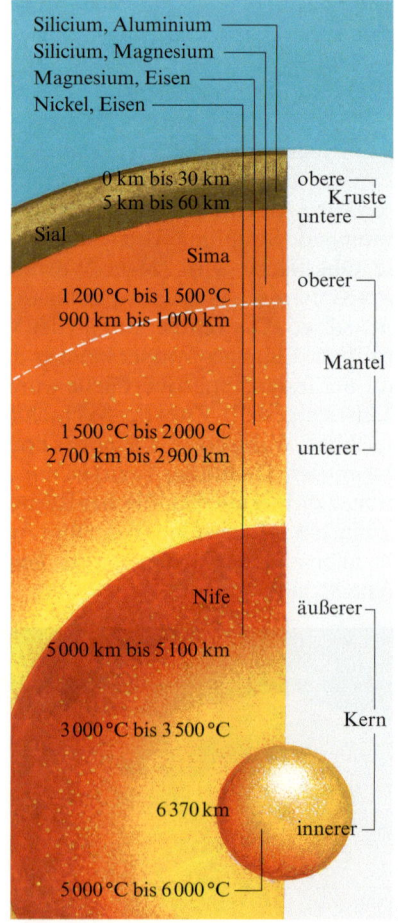

Silicium, Aluminium		0 km bis 30 km	obere	Kruste
Silicium, Magnesium		5 km bis 60 km	untere	
Magnesium, Eisen	Sial			
Nickel, Eisen	Sima		oberer	
		1 200 °C bis 1 500 °C		Mantel
		900 km bis 1 000 km		
		1 500 °C bis 2 000 °C	unterer	
		2 700 km bis 2 900 km		
	Nife		äußerer	
		5 000 km bis 5 100 km		Kern
		3 000 °C bis 3 500 °C		
		6 370 km	innerer	
		5 000 °C bis 6 000 °C		

Schalenaufbau der Erde 2

Mars – der rote Planet

Mars hat seinen Namen nach dem römischen Gott des Krieges. Zu dieser Benennung mag seine rötliche Färbung beigetragen haben, die auf die eisenhaltigen Stoffe in seinem Oberflächengestein zurückzuführen ist.

Die Oberfläche des Mars ist von Kratern zernarbt und mit Steinbrocken übersät. Es gibt beträchtliche Höhenunterschiede. Auf dem Mars befindet sich der höchste und größte aller bekannten Vulkane im Sonnensystem– Olympus Mons. Er hat an seinem Fuß einen Durchmesser von 600 km und ragt 27 km über das mittlere Marsniveau hinaus.

Es gibt riesige Grabensysteme und ausgetrocknete, vielfach verästelte Flussläufe. Es muss also in wärmeren Perioden der Marsgeschichte strömendes Wasser auch auf diesem Planeten gegeben haben. Vermutlich befindet sich heute dieses Wasser im Marsboden und ist ständig gefroren. Die Pole des Mars sind mit Reif- und Eiskappen aus gefrorenem Wasser und Kohlenstoffdioxid (Trockeneis) überzogen (Bild 3). Die Größe dieser weißen Polkappen wechselt mit den Jahreszeiten.

Mars

Marslandschaft – Aufnahme während der Pathfinder-Mission

Nordpol des Mars

An der Marsoberfläche wurden Temperaturen zwischen –125 °C und +40 °C gemessen.

Bisher konnte Leben dort nicht nachgewiesen werden. Mars besitzt eine dünne Atmosphäre aus 95 % Kohlenstoffdioxid, 3 % Stickstoff und 1,5 % Argon. Obwohl ihre Dichte nur 6 Tausendstel der Dichte der Erdatmosphäre erreicht, löst sie Wettererscheinungen aus. Es gibt starke Stürme und manchmal Wolken.

Mars rotiert in 24h37min einmal um seine Achse. Damit ist ein Marstag nur wenig länger als ein Erdtag. Die Rotationsachse des Mars ist um 25,2 ° gegen die Ekliptik geneigt. Dadurch gibt es wie auf der Erde Jahreszeiten, nur sind sie wegen der längeren Umlaufzeit fast doppelt so lang wie bei uns.

Mars wird von zwei kleinen Monden – Phobos und Deimos – umlaufen.

Sturm auf dem Mars

Olympus Mons – Detail

Phobos

Happy-Face-Krater

Jupiter

Der Riesenplanet Jupiter vereint in sich die doppelte Masse aller anderen Planeten und aller Monde zusammengenommen. Der Blick durch das Fernrohr zeigt uns eine undurchdringliche, dichte Jupiteratmosphäre mit streifiger Struktur. Dunklere Streifen und hellere Zonen wechseln sich ab. Obwohl nicht unveränderlich, ist dieses Grundmuster über Jahrhunderte hinweg stabil.

Die Jupiteratmosphäre besteht zu 99 % aus Wasserstoff und Helium. Diese Gase sind überhaupt die wesentlichen Bausteine des Jupiter. Man hat berechnet, dass die Atmosphäre in etwa 16 000 km Tiefe in einen Wasserstoffozean von mehreren 10 000 km Tiefe übergeht. Jupiter hat also keine feste Oberfläche. Noch weiter nach innen wird der flüssige Wasserstoff unter dem hohen Druck zu metallischem, d. h. elektrisch leitendem Wasserstoff. Nur ein wenige 1 000 km dicker zentraler Kern dürfte aus Eisen und Siliciumverbindungen bestehen. Hier wurde die Temperatur zu 30 000 K berechnet. Dieser Aufbau erklärt, warum die mittlere Dichte des Jupiter wesentlich geringer als die der bisher besprochenen Planeten ist – nur wenig mehr als die Dichte des Wassers.

Der Planet Jupiter mit einem seiner Monde (Io)

Die Fotomontage zeigt die vier großen Jupitermonde (von links nach rechts) Kallisto, Io, Europa und Ganymed im gleichen Maßstab – aufgenommen von der Raumsonde Galileo. Der **Große Rote Fleck** in der Atmosphäre Jupiters ist ein gigantischer Sturmwirbel, dessen Durchmesser größer als der der Erde ist.

Jupiter strahlt doppelt soviel Energie ab, wie er von der Sonne erhält. Offenbar entnimmt er den Überschuss aus seinem inneren Energievorrat, was zu einem langsamen Schrumpfen und zu allmählicher Abkühlung führt.

Jupiter rotiert in knapp 10 Stunden einmal um seine Achse, also mehr als doppelt so schnell wie die Erde. Infolge der schnellen Rotation ist er merklich abgeplattet. Sein Poldurchmesser ist um rund 9 000 km kleiner als der Äquatordurchmesser. Die Äquatorgebiete rotieren etwas schneller als die polnahen Bereiche – ein Zeichen dafür, dass wir es nicht mit einem festen Körper zu tun haben.

Vom Jupiter sind bisher über 60 Monde bekannt. Die vier größten – Ganymed, Kallisto, Io und Europa – sind in ihren Maßen dem Merkur und dem Erdmond vergleichbar. Sie wurden schon 1610 von GALILEO GALILEI bei seinen ersten Fernrohrbeobachtungen entdeckt und können bereits mithilfe eines Fernglases beobachtet werden (siehe S. 52, 54). Jupiter wird außerdem von einem schmalen Ring umgeben.

Saturn – der Ringplanet

Auch Saturn, der zweitgrößte Planet im Sonnensystem, ist von einem Ring umgeben. Dieser Ring wurde – wie die vier großen Jupitermonde – schon 1610 von GALILEI bemerkt. Er beschrieb ihn als „seitliche Ausbuchtungen". Heute weiß man, dass es sich um ein ganzes System ineinander geschachtelter Ringe handelt.

Das Ringsystem hat einen Durchmesser von 278 000 km, ist aber nur 0,4 km bis 0,5 km dick. Es besteht aus Staub und Gesteinsbrocken. Die Ringe haben ihre Entstehung wahrscheinlich einem ehemaligen Saturnmond zu verdanken, der durch Gezeitenkräfte zerrissen wurde. Seine Teile haben sich um die Äquatorebene des Saturn verteilt und wurden durch Zusammenstöße untereinander immer stärker zerkleinert.

Detailaufnahme der Saturnringe

Saturn

Die Ringebene ist um 27° gegen die Erdbahnebene geneigt. Je nach dem Ort des Saturn auf seiner Bahn blicken wir deshalb manchmal auf die Oberseite oder auf die Unterseite und alle 15 Jahre auch auf die Kante der Saturnringe. Deshalb sind sie nicht immer von der Erde aus gut zu beobachten.

Auch beim Saturn sehen wir eine dichte, wolkenverhangene und streifige Atmosphäre, die vorwiegend aus Wasserstoff und Helium besteht. In Aufbau und Zusammensetzung ähnelt Saturn dem Jupiter. Auch er strahlt mehr Energie ab, als er von der Sonne erhält.

Auch Saturn ist stark abgeplattet. Sein Poldurchmesser ist 13 000 km kleiner als der Äquatordurchmesser. Dieser Unterschied kann schon mit einem Schulfernrohr beobachtet werden. Wie bei Jupiter ist die Abplattung die Folge der schnellen Rotation; Saturn dreht sich in 10h39min einmal um seine Achse.

Von Saturn kennt man inzwischen mehr als 40 Monde. Fünf seiner Monde haben einen Durchmesser größer als 5 000 km.

Anblick der Saturnringe von der Erde aus zu verschiedenen Zeiten

Uranus

Mit Saturn endet die Reihe der schon mit bloßem Auge sichtbaren und seit dem Altertum bekannten Planeten.

Uranus wurde von FRIEDRICH WILHELM HERSCHEL am 13. März 1781 entdeckt. Wegen seiner Bewegung gegenüber den Sternen hielt HERSCHEL den Neuling zunächst für einen Kometen. Berechnungen ergaben jedoch eine Planetenbahn.

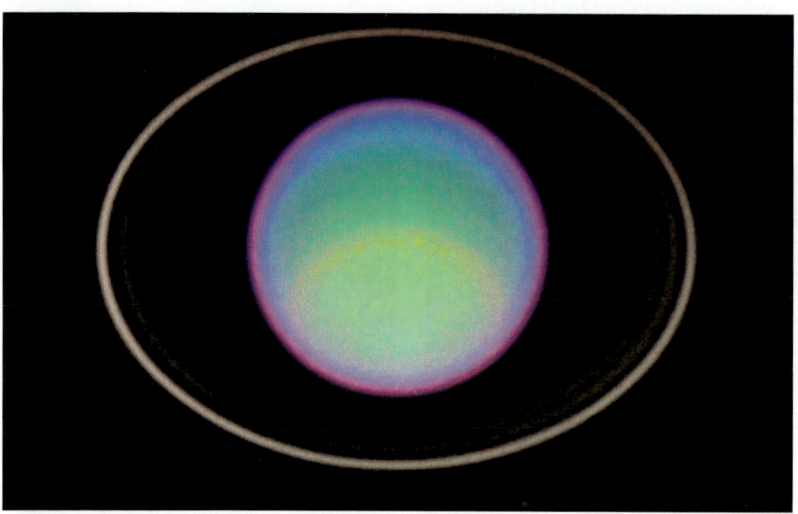

Uranus   1

2

FRIEDRICH WILHELM HERSCHEL
(1738 – 1822)

Im Gegensatz zu Jupiter und Saturn besteht das Innere dieses Planeten nicht vorwiegend aus Wasserstoff und Helium, sondern aus einem Silicat-Eisen-Kern und einem Eismantel aus H_2O, CH_4 und NH_3. Auch bei Uranus konnte ein schwaches Ringsystem nachgewiesen werden.

Die Uranusatmosphäre aus Wasserstoff und Helium mit Wolken aus Methan rotiert in 15h36min schneller als der Planetenkörper. Ungewöhnlich ist auch seine Lage: Die Rotationsachse liegt fast in der Erdbahnebene.

Uranus besitzt mehr als 25 Monde. Davon haben vier einen Durchmesser von mehr als 1000 km.

Neptun

In den Jahrzehnten nach der Uranusentdeckung leistete die rechnende Astronomie Außerordentliches. Umso mehr störte es, dass sich Uranus etwas anders bewegte, als nach den Bahnbestimmungen zu erwarten war. Da die von KEPLER und NEWTON gefundenen Gesetze ihre Gültigkeit schon vielfach erwiesen hatten, wurde vermutet, dass ein weiterer Planet die Störungen verursacht.

Zwei Astronomen – der Engländer JOHN COUCH ADAMS (1819 – 1892) und der Franzose URBAIN LEVERRIER (1811 – 1877) – führten präzise Berechnungen aus, die beide zur Auffindung des gesuchten Planeten hätten führen können. LEVERRIER war letztlich der Glücklichere. Er wandte sich an den Berliner Astronomen JOHANN GOTTFRIED GALLE (1812 – 1910) und teilte ihm das Ergebnis seiner Rechnungen mit. In der Berliner Sternwarte stand eine erst kurz vorher fertiggestellte sehr genaue Sternkarte der fraglichen Himmelsgegend zur Verfügung. Am Abend des 23. September 1846 fand GALLE ganz in der Nähe des berechneten Ortes ein Objekt, das in der Sternkarte fehlte. Am darauf folgenden Abend wurde die Beobachtung wiederholt – der Himmelskörper hatte seinen Ort zwischen den Sternen etwas verändert: Der am Schreibtisch errechnete Planet war gefunden.

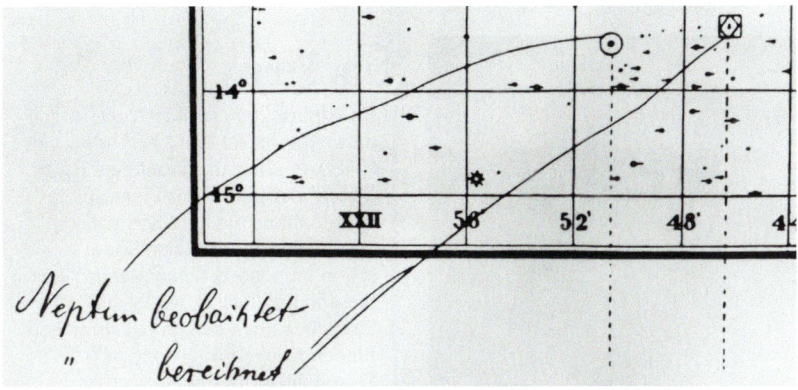

1

Entdeckungskarte des Neptuns

Neptun ist hinsichtlich des Aufbaus und der Atmosphäre dem Uranus sehr ähnlich. Er rotiert in wenig mehr als 18 Stunden einmal um seine Achse. Die Sonne erscheint vom Neptun aus gesehen wie die Venus von der Erde aus. Auch Neptun strahlt mehr Wärme ab, als er von der Sonne aufnimmt.

Man kennt heute mehr als 10 Neptunmonde. Außerdem wird der Planet von mehreren dünnen Ringen und einer Staubscheibe umgeben.

2 Neptun

3

Die Atmosphäre des Neptun besitzt mehrere auffällige Gebilde, darunter den **Großen Dunklen Fleck** und helle Wolken.

Zwergplaneten

Zwergplaneten sind Himmelskörper, die sich auf einer Umlaufbahn um die Sonne befinden und eine so große Masse haben, dass sie durch die eigene Schwerkraft eine fast kugelförmige Gestalt angenommen haben. Im Unterschied zu den Planeten sind sie jedoch auf ihrer Umlaufbahn nicht die größten Körper.

Die Zwergplaneten sind *Pluto*, *Ceres*, *Eris*, *Makemake* und *Haumea*.

Pluto und sein Mond Charon. Aufnahme des Hubble-Weltraumteleskops 1

Pluto ist einem Mond des Planeten Neptun sehr ähnlich. Das deutet darauf hin, dass Pluto ursprünglich kein Zwergplanet war, sondern vielleicht in ferner Vergangenheit aus einer Umlaufbahn um den Neptun in eine eigene Bahn um die Sonne gelangt ist. Die Bahn weist große Unterschiede zwischen Sonnennähe und Sonnenferne auf. Ein Umlauf dauert 248 Jahre, und 15 % dieser Zeit bewegt er sich innerhalb der Neptunbahn. Pluto besitzt einen Mond, Charon. Die Massen von Pluto und Charon verhalten sich wie 9 : 1. Ein solches Masseverhältnis zwischen einem Himmelskörper und seinem Mond gibt es sonst nicht annähernd im Sonnensystem. Pluto und Charon bewegen sich in etwa 17 000 km Abstand in 6,39 Tagen um ihren gemeinsamen Schwerpunkt.

Der Zwergplanet *Eris* ist um 700 km größer als Pluto und dreimal so weit von der Sonne entfernt wie dieser.

Ceres wurde bereits 1801 entdeckt. Der Astronom und Theologe Giuseppe PIAZZI beobachtete im Teleskop der Sternwarte von Palermo (Sizilien) einen Himmelskörper, der in keiner Sternkarte verzeichnet war und den er zunächst für einen neuen Kometen hielt. Aber nach der Bestimmung der Umlaufbahn dieses Himmelskörpers war offensichtlich, dass es sich nicht um einen Kometen, sondern eher um einen kleinen Planeten handelte.

Ceres hat einen Äquatordurchmesser von 975 km und befindet sich im Asteroidengürtel zwischen Mars und Jupiter (siehe folgende Seite).

Kleinkörper im Sonnensystem

Es gibt eine Vielzahl an kleinen Körpern im Sonnensystem, die die Sonne umkreisen. Sie besitzen allerdings nicht ausreichend Masse, um sich durch die eigene Schwerkraft zu kugelförmiger Gestalt zusammenzuziehen. Zu den Kleinkörpern (Small Solar System Bodies) gehören die Asteroiden, Kometen und Meteoroide.

Übrigens

Im August 2006 definierte die Internationale Astronomische Union (IAU) den Begriff Planet neu. Bis zu diesem Zeitpunkt war Pluto der neunte Planet unseres Sonnensystems. Allerdings unterschied er sich schon immer von den anderen Planeten und konnte z.B. weder den erdähnlichen noch den jupiterähnlichen Planeten zugeordnet werden.

Durch die immer besser werdende Beobachtungstechnik, wurden in den letzten Jahren viele kugelförmige Himmelskörper entdeckt, die wie Pluto die Sonne umlaufen und zum Teil sogar noch größer als dieser sind. Daraufhin wurde eine neue Gruppe von Himmelskörpern definiert – die Zwergplaneten. Die IAU kündigt für die Zukunft die Bekanntgabe weiterer Zwergplaneten an, sobald genügend Beobachtungsdaten vorliegen.

Asteroid Gaspra

Asteroiden (auch Planetoiden genannt). Sie sind relativ kleine, meist unregelmäßig geformte Himmelskörper, die die Sonne umlaufen. Sie bewegen sich auf Bahnellipsen, die vorwiegend zwischen den Bahnen von Mars und Jupiter liegen (Asteroidengürtel).

Weitere Asteroiden befinden sich im so genannten *Kuiper-Gürtel*, der jenseits der Neptunbahn beginnt (benannt nach dem holländisch-amerikanischen Astronomen GERARD KUIPER, 1905 – 1973).

Bislang sind etwa 338 000 Asteroiden bekannt, wobei die tatsächliche Anzahl wohl in die Millionen gehen dürfte.

Die weitaus meisten Asteroiden haben Durchmesser unter 50 km. Im Kuiper-Gürtel wurden aber auch Objekte wie *Varuna* mit 900 km Durchmesser, *Quaoar* mit 1 280 km Durchmesser und *Orcus* mit einem Durchmesser von 1 800 km gefunden. Jenseits des Kuiper-Gürtels wurde Ende 2003 der ≈ 1 500 km große Asteroid *Sedna* entdeckt.

Die Masse aller Asteroiden zusammen beträgt weniger als 1 % der Erdmasse. Wahrscheinlich sind die Asteroiden die Reste von Planetesimals, d. h. kleinen festen Körpern aus der Entstehungszeit des Planetensystems, die wegen der Wirkung der benachbarten großen Planeten nicht zu einem Planeten verschmelzen konnten.

Kometen. Die „Schweifsterne" oder „Haarsterne" – wie Kometen auch genannt werden – haben die Menschen schon immer fasziniert oder sogar geängstigt. Kometen tauchten unverhofft auf, standen dann oft wochenlang am Himmel und verschwanden danach wieder so unerklärlich, wie sie aufgetaucht waren. Im Altertum und im Mittelalter wurden Kometen häufig als Schicksalsboten oder Zeichen der Götter angesehen.

Übrigens

Einige Asteroidenbahnen kommen der Erdbahn sehr nahe oder kreuzen sie sogar. Die Wahrscheinlichkeit, dass ein Asteroid mit der Erde zusammenstößt, ist jedoch verschwindend gering.

Übrigens

Varuna, Orcus, Quaoar und Sedna sind Kandidaten auf der Beobachtungsliste der IAU. Sie könnten ebenfalls in die Kategorie der Zwergplaneten fallen.

Halley'scher Komet. Der englische Astronom und Mathematiker SIR EDMOND HALLEY (1656 – 1742) war der Erste, der die Bahn eines Kometen im Sonnensystem berechnete. Er konnte so die Rückkehr dieses heute nach ihm benannten Kometen erfolgreich vorhersagen. Bei einer Umlaufzeit des Halley'schen Kometen von über 70 Jahren war es HALLEY jedoch nicht vergönnt, den Triumph der vorhergesagten Wiederkehr zu erleben.

Zum letzten Mal war der Halley'sche Komet 1986 zu sehen.

Heute hat man mithilfe der Raumfahrt und modernster erdgebundener Instrumente vieles über die Kometen herausgefunden.

Kometen sind relativ kleine Himmelskörper, deren **Kerne** vorwiegend aus Eis und Staub zusammengesetzt sind und die in Sonnennähe eine Gashülle und einen **Schweif** entwickeln.

Das Sonnensystem ist in eine Wolke von wahrscheinlich mehr als einer Milliarde Kometenkernen eingebettet. Der mittlere Radius dieser so genannten *Oort'schen Wolke* (benannt nach dem holländischen Astronomen JAN HENDRIK OORT, 1900–1992) wird auf 50 000 AE geschätzt. Auch im Kuiper-Gürtel werden Kometenkerne vermutet.

Durch Gravitationskräfte untereinander, aber auch durch Gravitationskräfte der Nachbarsterne der Sonne werden einzelne Kometenkerne aus ihren Bahnen abgelenkt. Aus den ursprünglich kreisähnlichen Bahnen entstehen langgestreckte Ellipsen, die die Kometenkerne periodisch in das innere Sonnensystem führen.

Die Kerne der Kometen sind nur wenige Kilometer groß. Bei Annäherung an die Sonne auf etwa 3 AE verdampft ein Teil des Eises und bildet eine ausgedehnte Wolke leuchtenden Gases, die **Koma**. Gleichzeitig werden Staubteilchen freigesetzt und von der Sonnenstrahlung mitgerissen.

Wenn sich der Komet der Sonne bis auf etwa 2 AE genähert hat, bildet sich aus dem Material der Koma durch den Einfluss der Strahlung der Sonne ein Schweif aus.

Dieser Schweif ist immer entgegengesetzt zur Sonne gerichtet; es wurden schon Schweiflängen von 100 Millionen km beobachtet.

Entfernt sich der Komet wieder von der Sonne, so bilden sich Schweif und Koma zurück. Das Schweif- und Komamaterial geht dem Kometen verloren, da die Masse des Kerns zu gering ist, um es durch die Gravitationskraft festzuhalten. Bei weiteren Durchgängen in Sonnennähe lösen sich deshalb die Kometen allmählich auf; die Staubteilchen werden entlang der Bahn verstreut. Es wurde auch beobachtet, dass Kometen in Sonnennähe in mehrere Stücke zerfielen.

Wahrscheinlich sind die Kometen nahezu unveränderte Restmaterie aus der Entstehungszeit des Sonnensystems. Ihre Untersuchung liefert deshalb Aufschluss über die Urmaterie, aus der das Sonnensystem entstand.

Meteoroide. Im Sonnensystem befinden sich viele kleine und kleinste Objekte. Sie werden **Meteoroide** genannt. Diese meist nur einige Millimeter großen Körper stammen aus Zertrümmerungen bei Zusammenstößen von Planetesimals oder Planetoiden oder aus zerbrochenen und aufgelösten Kometenkernen.

Ihre Bahnen um die Sonne werden von den anderen Himmelskörpern, vor allem von den Planeten, stark beeinflusst.

Beim Eindringen in die Erdatmosphäre rufen sie Leuchterscheinungen hervor, die je nach ihrer Intensität Sternschnuppen (**Meteore**) oder Feuerkugeln heißen. Die meisten Meteoroide verdampfen auf dem Weg durch die Atmosphäre.

Größere Körper können die Erdoberfläche erreichen. Sie werden dann als **Meteorite** bezeichnet.

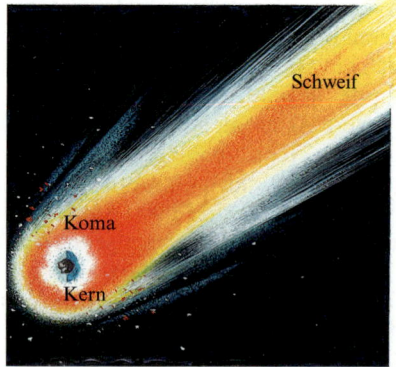

1

Schematischer Aufbau eines Kometen

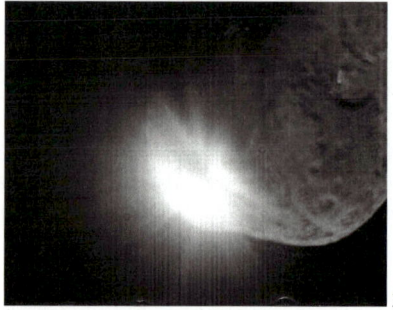

2

Komet Tempel 1. Die Deep-Impact-Mission der NASA brachte Aufschluss über die elementare Zusammensetzung des Kometenkerns. Von einer Raumsonde aus traf ein Einschlagkörper auf den Kometen Tempel 1 auf. Das beim Aufprall in den Weltraum geschleuderte Material wurde spektroskopisch analysiert.

3

Lichtspur eines Meteors

Nach ihrer Zusammensetzung gibt es **Steinmeteorite** und **Eisenmeteorite.**
Steinmeteorite bestehen zu rund 78% aus Sauerstoff-, Magnesium- und
Siliciumverbindungen, Eisenmeteorite zu 100% aus Eisen, Nickel und
Cobalt. Obwohl Steinmeteorite etwa 95% aller Meteoritenfälle ausmachen,
werden Eisenmeteorite häufiger gefunden, weil sie auffälliger sind und
kaum verwittern.

Zusammenstöße der Erde mit größeren Meteoroiden oder auch Kometenkernen hat es gegeben. Sie sind auch zukünftig nicht auszuschließen. Das
Aussterben der Dinosaurier und vieler anderer Lebewesen auf der Erde war
vermutlich die Folge des Einschlags eines riesigen Meteoriten, der vor rund
65 Millionen Jahren auf die Halbinsel Yucatán (Mexiko) stürzte. Er riss
einen mehr als 200 km großen Krater und schleuderte große Mengen von
Auswurfmaterial in die Atmosphäre.

1

Eisenmeteorit. Er wurde in der
Antarktis gefunden.

Das **Nördlinger Ries** (Bayern/Baden-Württemberg), ein Krater mit 23 km
Durchmesser und 200 m Tiefe, ist auf einen Meteoriteneinschlag vor
14,9 Millionen Jahren zurückzuführen.

Ein noch gut erhaltener Meteoritenkrater ist der **Canon Diablo** in Arizona
(USA). Vor etwa 30000 Jahren wurde er durch einen Meteoriten von rund
2 Millionen t mit einem ungefähren Durchmesser von 30 m verursacht.

Der Meteoritenkrater von Arizona
mit einem Durchmesser bis 1265 m.
Die Kratertiefe gegenüber dem
Ringwall beträgt 174 m.

2

Auch im 20 Jahrhundert wurden mehrere bedeutende Zusammenstöße der
Erde mit kosmischen Körpern registriert. Am 30. Juni 1908 verwüstete ein
Meteorit oder Kometenkern eine Waldfläche von 1600 km^2 in Sibirien, und
im Jahre 1947 verfehlte ein großer Meteorit die russische Großstadt Wladi-
wostok nur um 400 Kilometer.

Sternschnuppen können zu bestimmten Zeiten gehäuft beobachtet werden.
Das tritt dann ein, wenn die Erde die Bahn eines in unzählige Stücke zer-
borstenen Kleinplaneten oder eines zerfallenen Kometenkernes kreuzt. Der
bekannteste dieser so genannten Meteorströme heißt Perseiden (benannt
nach dem Sternbild Perseus); er ist in jedem Jahr in den Tagen um den
12. August zu beobachten. Die meisten Sternschnuppen erscheinen dann in
den Stunden zwischen Mitternacht und der Morgendämmerung.

Einige Meteorströme		
Zeit (Maximum)	Name	Mete- ore je h
1.–5. 1. (3. 1.)	Quadran- tiden	120
17. 7.–24. 8. (12. 8.)	Perseiden	110
14.–21. 11. (17. 11.)	Leoniden	50
7.–17. 12. (14. 12.)	Geminiden	120

AUFGABEN

1. Man unterscheidet erdähnliche und jupiterähnliche Planeten. Zu welcher dieser beiden Gruppen zählen die Planeten mit festen Oberflächen, zu welcher die Gas- bzw. Eisplaneten?

2. Welche Planeten waren schon im Altertum bekannt, welche sind Entdeckungen der Neuzeit?

3. Welcher Planet ist der Erde am ähnlichsten?

4. Die mittleren Dichten der erdähnlichen Planeten betragen 3,9 bis 5,5 g/cm^3. Gesteine haben aber nur Dichten um 2,8 g/cm^3. Wie kann man die hohen mittleren Dichten von Merkur, Venus, Erde und Mars erklären?

5. Die so genannten „inneren" Planeten Merkur und Venus erscheinen bei der Beobachtung mit dem Fernrohr oftmals sichel- oder halbmondförmig. Zeige mithilfe einer Skizze der Bahnen von Venus und Erde, wie dieser Anblick zustande kommt!

6. Gib dein Alter in Jupiterjahren an! (Ein Jupiterjahr ist die Dauer eines Umlaufs des Planeten Jupiter um die Sonne.)

7. Die Planeten Jupiter und Saturn weisen eine starke Abplattung auf, die durch die schnelle Rotation entstanden ist. (Beide Planeten drehen sich mehr als doppelt so schnell wie die Erde um ihre Achse. Wie ist es zu erklären, dass die ausgedehnten Atmosphären dieser Planeten nicht durch die Fliehkraft in den Weltraum hinausgeschleudert werden?

8. Wie ist es zu erklären, dass die Planeten Jupiter und Saturn mehr Energie abgeben, als ihnen von der Sonne zugestrahlt wird?

9. Beschreibe, wie du bei der Beobachtung des Himmels eine Sternschnuppe (Meteor) von einem Kometen unterscheiden kannst!

10. Im Bild 1 ist dargestellt, wie sich die Erde in ihrer Bahn um die Sonne bewegt: Am Abend befindet sich der Beobachter auf der „Rückseite", in den Morgenstunden auf der „Vorderseite" der Erde. Erkläre anhand dieses Bildes, warum die meisten Meteore nicht abends, sondern in den Stunden nach Mitternacht zu beobachten sind.

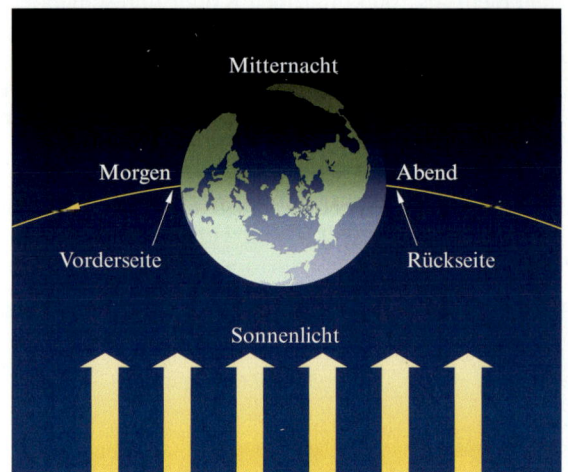

1

ZUSAMMENFASSUNG

Planeten	Himmelskörper, die die Sonne umlaufen: Merkur, Venus, Erde, Mars, Jupiter, Saturn, Uranus, Neptun; alle Planeten reflektieren das Licht der Sonne *erdähnliche Planeten:* Merkur, Venus, Erde und Mars; sie ähneln nach Masse, mittlerer Dichte und chemischer Zusammensetzung der Erde *jupiterähnliche Planeten:* Jupiter, Saturn, Uranus und Neptun; sie ähneln dem Jupiter, besitzen große Massen, große Durchmesser, aber geringe mittlere Dichten
Zwergplaneten	Zwergplaneten sind kugelförmige Himmelskörper, die die Sonne umlaufen, sind dabei aber nicht die größten Körper in ihrer Umlaufbahn
Kleinkörper im Sonnensystem	*Asteroiden (Planetoiden):* kleine Himmelskörper von meist unregelmäßiger Gestalt; im Raum zwischen den Bahnen von Mars und Jupiter und im so genannten Kuiper-Gürtel konzentriert *Kometen:* kleine Himmelskörper aus Eis und Staub, bei Annäherung an die Sonne bilden sie eine Gashülle (Koma) und meist auch einen Schweif aus *Meteoroide:* Kleinstkörper, die beim Eindringen in die Erdatmosphäre aufglühen und als Sternschnuppen (Meteore) oder Feuerkugeln beobachtet werden können; größere Meteoroide (über 1 cm Durchmesser) können die Erdoberfläche erreichen (Meteorite)

Sterne und Sternsysteme

Im Jahre 1054 wurde ein vorher nie gesehener Stern beobachtet. Er war drei Wochen lang sogar am Tage sichtbar. Heute wissen wir, dass es sich um die Explosion eines Sterns handelte. Die weggeschleuderten Außenschichten sind als Nebel noch immer zu sehen.

Ohne die Sonne wäre keinerlei Leben auf der Erde möglich. Das ist schon vor Jahrtausenden erkannt worden. Im alten Ägypten wurde die Sonne deshalb als Gottheit verehrt. Woher stammt die Sonnenenergie? Wie lange kann die Sonne Energie abstrahlen? Was wird einmal aus der Sonne?

Die Sonne – eine Gaskugel

Kein anderer Stern bietet so gute Beobachtungsmöglichkeiten wie die Sonne. Sie ist uns 266 000-mal näher als der Nachbarstern Alpha Centauri, 553 000-mal näher als der helle Sirius, 41 Millionen mal näher als der Polarstern. Sie ist der einzige Stern, auf dem wir von der Erde aus bereits mit einem mittelgroßen Fernrohr viele Einzelheiten (z. B. dunkle Flecken, die Strukturen der Oberflächenschicht, die Schichten der äußeren Gashülle, flammende Gasausbrüche) beobachten können.

Sonnenanbetung:
Darstellung aus Ägypten

Alle Sterne sind Gaskugeln, deren Materie durch die Gravitationskraft zusammengehalten wird.
Mit Ausnahme der Sonne befinden sie sich so weit von der Erde entfernt, dass sie mit dem bloßen Auge und sogar auch bei der Beobachtung mit dem Fernrohr lediglich als Lichtpunkte erscheinen. Nur bei ganz wenigen Sternen sind bisher mit großem technischen Aufwand Andeutungen von Oberflächenstrukturen entdeckt worden.

Die Sonne rotiert, jedoch nicht wie ein fester Körper. Die Äquatorzone bewegt sich schneller als die polnahen Bereiche; im Mittel dauert eine Umdrehung der Sonne um ihre Achse 25,4 Tage.

> Die Sonne ist ein Stern, d. h. eine selbstleuchtende Gaskugel großer Masse und hoher Temperatur.

Die Masse der Sonne kann aus dem Gravitationsgesetz, dem Abstand zwischen Erde und Sonne und der Umlaufzeit der Erde berechnet werden (s. S. 51).
Im Zentrum der Sonne ist die Materie sehr stark konzentriert. Die Temperatur beträgt dort $1,5 \cdot 10^7$ K und der Druck $2 \cdot 10^{16}$ Pa. Unter diesen Bedingungen können keine Atome existieren.

Das Sonneninnere besteht aus einem Gemisch aus Wasserstoff- und Helium-Atomkernen sowie freien Elektronen.

Wichtige Größen der Sonne	
Radius	700 000 km (etwa 110 Erdradien)
Masse	$2 \cdot 10^{30}$ kg (etwa 330 000 Erdmassen)
mittlere Dichte	1,41 g $\cdot$ cm^{-3} (etwa 1/4 der mittleren Dichte der Erde)
Fallbeschleunigung an der Oberfläche (Photosphäre)	274 m $\cdot$ s^{-2} (etwa das 28fache der Fallbeschleunigung an der Erdoberfläche)
chemische Zusammensetzung	vorwiegend Wasserstoff (73 % der Masse) und Helium (25 % der Masse)

Nach außen zu nehmen Temperatur und Druck stark ab. In der Übergangszone vom Sonneninneren zur Sonnenatmosphäre beträgt die Temperatur im Mittel noch 6 000 K. Diese Übergangszone heißt **Photosphäre** (Bild 1).

Die Photosphäre ist nur etwa 300 km dick, deshalb erscheint der Sonnenrand im Fernrohr als scharfe Grenze. Die Photosphäre ist die Schicht, von der die Sonnenenergie nach außen abgestrahlt wird. Wir sehen sie als Oberflächenschicht der Sonne.

Im Fernrohrbild der Sonne nimmt die Helligkeit zum Rande hin ab, denn in der Nähe des Sonnenrandes schaut man schräg auf die Photosphäre und empfängt Licht vorwiegend aus ihren oberen, kühleren und daher schwächer leuchtenden Schichten. Die Photosphäre ist nicht gleichmäßig hell. Auf guten Sonnenfotografien erkennt man eine körnige oder netzartige Struktur (Granulation) (Bild 2). In den einzelnen Zellen dieser Netzstruktur steigt in der Mitte heißes Gas auf, das nach Abkühlung am Rand der Zelle wieder absinkt. Durch diese Bewegung wird die Materie bis in eine Tiefe von etwa 150 000 km kräftig durchmischt.

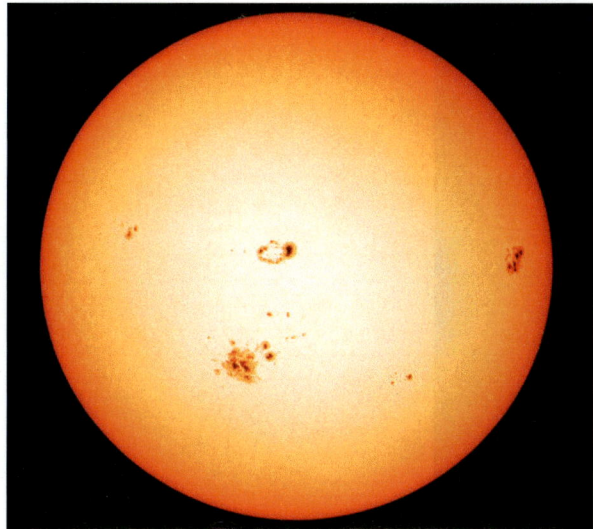

1

Sonne mit Sonnenflecken. Wir blicken durch die Sonnenatmosphäre hindurch auf die Photosphäre.

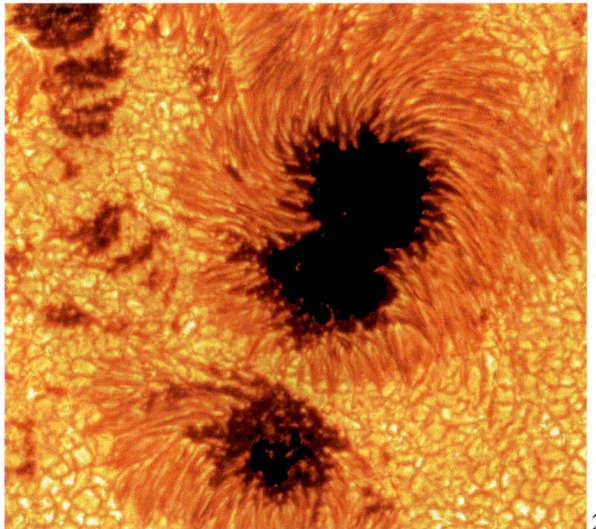

2

Stark vergrößerter Ausschnitt aus der Photosphäre mit einem Sonnenfleck. Die Granulation ist deutlich zu erkennen.

Wie eine Haut aus Flammen liegt über der Photosphäre die rötlich leuchtende **Chromosphäre.** Sie ist 10 000 km bis 30 000 km dick, durchsichtig und leuchtet deutlich schwächer als die Photosphäre. Deshalb tritt sie nur dann in Erscheinung, wenn die Photosphäre verdeckt wird. Das ist z. B. bei einer totalen Sonnenfinsternis der Fall (Bild 1), kann aber auch durch geeignete Blenden oder Filter im Fernrohr bewirkt werden.

Magnetische Kräfte reißen die glühenden Gasmassen mit Geschwindigkeiten bis zu $30\,\text{km} \cdot \text{s}^{-1}$ nach außen. Die Temperatur in der Chromosphäre nimmt nach außen hin zu – von 4 500 K an der Grenze zur Photosphäre steigt sie auf rund 500 000 K. Die Aufheizung erfolgt sehr wahrscheinlich durch mechanische Druckwellen, die von der Photosphäre ausgehen. Trotz der hohen Temperatur ist der Energiegehalt der Chromosphärengase nur gering, weil ihre Dichte sehr niedrig ist (sie beträgt nur etwa ein Millionstel der Dichte unserer Atemluft).

Die äußerste Schicht der Sonnenatmosphäre ist die **Korona,** eine gewaltige weißliche Gaswolke, die weit in den Weltraum hinausreicht und sich ohne scharfe Begrenzung dort allmählich verliert (Bild 2). Auch die Korona kann wegen ihrer geringen Helligkeit nur bei totalen Sonnenfinsternissen mit dem bloßen Auge gesehen werden.

Ähnlich wie in der Chromosphäre steigt auch in der Korona die Temperatur nach außen hin stark an. Sie erreicht Werte bis zu $4 \cdot 10^6$ K. Bei solchen Temperaturen wird die Energie nur zu einem geringen Teil im Bereich des sichtbaren Lichts abgegeben; der überwiegende Anteil ist ultraviolette Strahlung und Röntgenstrahlung. Röntgenbeobachtungen zeigen die Sonne als fleckiges, inhomogenes Gebilde. Dunkle „Löcher" finden sich neben intensiv strahlenden Bereichen. Offenbar werden die Koronastrukturen stark durch **Magnetfelder** geprägt.

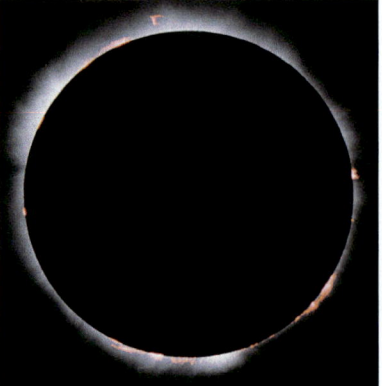

1

Bei einer totalen Sonnenfinsternis zeigen kurz belichtete Aufnahmen die Chromosphäre.

Übrigens

Das scheinbar ruhige Bild der Sonnenkorona täuscht. Man kann sie mit einer Kerzenflamme vergleichen: Der Stoff, aus dem sie besteht, wird ständig erneuert. Ein sichtbares Zeichen für den Sonnenwind sind die Schweife der Kometen, die immer von der Sonne weg gerichtet sind.

2   Sonnenkorona bei einer totalen Sonnenfinsternis

Die hohen Temperaturen in der Korona haben zur Folge, dass ständig Protonen, Elektronen und in geringem Maße auch Atomkerne des Elements Helium nach außen abfließen. Dieses Teilchengemisch heißt **Sonnenwind.** In jeder Sekunde strömt etwa 1 Mill. t Sonnenmaterie mit Geschwindigkeiten zwischen 300 km/s und 750 km/s in den Weltraum und bildet eine Plasmahülle, innerhalb derer sich die Planeten und die Kleinkörper des Sonnensystems bewegen. Sie umgibt die Sonne bis etwa 100 AE Entfernung.

Da die Teilchen des Sonnenwindes elektrisch geladen sind, werden sie in der Mehrzahl von den Magnetfeldern der Planeten eingefangen. So entstehen die Strahlungsgürtel der Planeten, Bereiche hoher Teilchendichte.

Sonnenenergie

Seit dem Jahre 1938 ist bekannt, dass die Sonne und die anderen Sterne die Energie, die sie über Milliarden Jahre hinweg in den Weltraum abstrahlen, aus der Verschmelzung (Fusion) der Atomkerne ihres Wasserstoffs zu Heliumkernen beziehen.

> Die Atomkerne des Wasserstoffs (Protonen) können unter bestimmten Voraussetzungen miteinander verschmelzen, sodass Helium-Atomkerne entstehen. Dabei wird Bindungsenergie frei.

Beim Aufbau eines Heliumkerns entsteht ein Energiebetrag von rund $4 \cdot 10^{-12}$ J in Form von Strahlung. Da sehr viele derartige Verschmelzungsprozesse gleichzeitig ablaufen, ist der insgesamt frei werdende Energiebetrag sehr groß. Die Atomkernverschmelzung wird als **Kernfusion** bezeichnet. Da die Protonen elektrisch gleichnamig geladen sind, wirkt zwischen ihnen eine elektrostatische Abstoßungskraft. Wenn sich aber Protonen oder Neutronen bis auf etwa 10^{-15} m genähert haben, wird zwischen ihnen eine sehr starke Anziehungskraft, die **Kernkraft,** wirksam. Sie ist dann stärker als die elektrostatische Abstoßung.

Voraussetzung für die Annäherung der Protonen ist, dass sie sehr hohe kinetische Energien besitzen, um die elektrostatische Abstoßung zu überwinden. Das ist bei Temperaturen über 10^7 K der Fall. Deshalb findet die Kernfusion nur im heißesten Bereich der Sonne, im **Zentralgebiet,** statt.

Protonen können sich auf unterschiedliche Weise miteinander vereinigen. Welche Reaktionsfolge sie durchlaufen, hängt wesentlich von der Temperatur im Zentrum des betreffenden Sterns ab. In der Sonne wird die Energie vorwiegend durch die Proton-Proton-Reaktion frei gesetzt:

$$^1H + {}^1H \longrightarrow {}^2H + e^+ + \nu$$

$$^2H + {}^1H \longrightarrow {}^3He + \gamma$$

Dieser Prozess muss zweimal ablaufen, dann folgt:

$$^3He + {}^3He \longrightarrow {}^4He + {}^1H + {}^1H .$$

Die beiden entstehenden Protonen können in eine folgende Fusionsreaktion einbezogen werden.

1 Schematischer Schnitt durch die Sonne

In diesen Reaktionsgleichungen bedeuten:	
^1H	Proton
^2H	Deuteriumkern (schwerer Wasserstoff)
^3He	Heliumzwischenkern
^4He	Heliumkern
e^+	Positron
ν	Neutrino
γ	frei werdende Energie

Die chemische Zusammensetzung des Zentralgebietes der Sonne hat sich durch die ständig ablaufende Kernfusion von anfänglich etwa 73% Wasserstoff und 25% Helium auf gegenwärtig vermutlich etwa 35% Wasserstoff und 63% Helium verändert. (2% der Sonnenmasse sind andere chemische Elemente.)

Bei der Kernfusion wird ein Teil der Masse der Atomkerne in Energie umgewandelt. Dadurch verringert sich die Masse der Sonne um $4,4 \cdot 10^9$ kg pro Sekunde. Das scheint – für irdische Verhältnisse – sehr viel zu sein, ist aber im Vergleich zur Gesamtmasse der Sonne verschwindend wenig. Trotzdem wird die Sonne nicht ewig strahlen, denn ihr Wasserstoff-Vorrat ist begrenzt.

Man darf sich die Sonnenmaterie in der Zentralregion nicht als „normales" Gas vorstellen. Moleküle oder Atome haben bei der hohen Temperatur keinen Bestand; es existieren lediglich Atomkerne und freie Elektronen. Das Gas ist also dort, wo in der Sonne die Energie freigesetzt wird, in Wahrheit ein **Plasma.**
Erst viel weiter außen, in Bereichen merklich geringerer Temperaturen, ist es den Atomkernen möglich, Elektronen einzufangen und sie wenigstens zeitweise festzuhalten.

Energietransport in der Sonne. Die Sonnenenergie wird von der Photosphäre in den Weltraum abgestrahlt, nicht vom Zentrum. (Wäre es so, dann müsste anstelle der Sonne ein gleißend heller Punkt am Himmel zu sehen sein und nicht – wie jeder mit einem Spezialfilter vor dem bloßen Auge leicht nachprüfen kann – eine fast gleichmäßig helle Kugel.)
Die freigesetzte Kernbindungsenergie muss also vom Zentralgebiet der Sonne nach außen transportiert werden. Sie wird auf ihrem Wege nach außen unzählige Male von einem Teilchen der Sonnenmaterie absorbiert und nach ganz kurzer Zeit wieder emittiert.
Dabei ist ihr Weg nicht geradlinig; vielmehr verlaufen die Absorptions- und Emissionsvorgänge fast völlig ungeordnet. Es dauert etwa 1 Mio. Jahre, bis die im Zentralgebiet der Sonne entstandene Energie die Photosphäre erreicht hat. Bis zu einer Tiefe von etwa 150 000 km Dicke unterhalb der Photosphäre wird die Energie nicht durch Strahlung, sondern vorwiegend durch **Konvektion** transportiert: Die heißen Gasmassen steigen in Bereichen von 500 km bis 1 500 km Durchmesser an die Oberfläche auf, kühlen sich dort ab, sinken wieder in heißere Bereiche zurück, erwärmen sich erneut und führen so ständig Energie von innen nach außen. Dieser Bereich ist die **Wasserstoffkonvektionszone.**

Übrigens

Mit der Formel $E = m \cdot c^2$ (ALBERT EINSTEIN, 1905) kann man die freigesetzte Energie berechnen. Dabei bedeuten m die umgewandelte Masse, c die Lichtgeschwindigkeit und E die freigesetzte Energie.

Die Strahlung der Sonne

Bestandteile der Sonnenstrahlung. Die Sonnenstrahlung besteht aus elektromagnetischen Wellen und aus Teilchen.

Bestandteile	Art der Strahlung	Geschwindigkeit
elektromagnetische Strahlung	Gammastrahlung, Röntgenstrahlung, ultraviolette Strahlung, sichtbares Licht, Wärmestrahlung, Radiowellen	300 000 km/s (Lichtgeschwindigkeit)
Teilchenstrahlung	Protonen, Elektronen, Heliumkerne	300 km/s bis 600 km/s

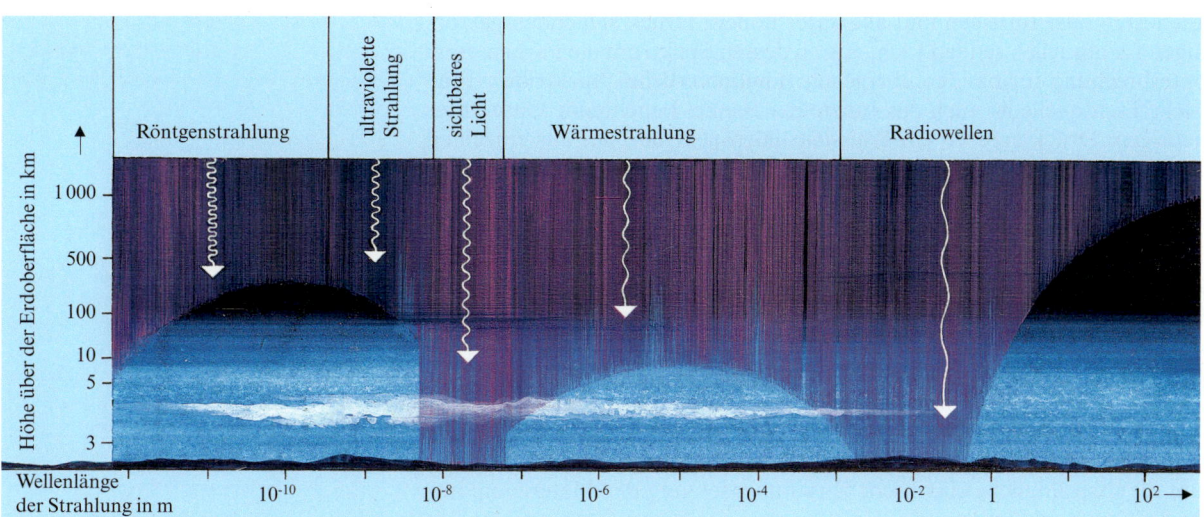

Die von der Sonne ausgestrahlten elektromagnetischen Wellen werden von der
Erdatmosphäre unterschiedlich stark absorbiert. Das Diagramm gibt an,
in welcher Höhe über der Erdoberfläche die Stärke der Strahlung auf 1/3 des
ursprünglichen Wertes gesunken ist

Die elektromagnetische Strahlung wird in erheblichem Maße von der
Erdatmosphäre absorbiert (Bild 1), deshalb können manche Wellenarten –
z. B. Ultraviolett- und Röntgenstrahlung – nur mithilfe von Geräten in
Höhenballons und Raumflugkörpern erforscht werden. Die Teilchen werden wegen ihrer elektrischen Ladung durch das Erdmagnetfeld in die Polar-
gebiete der Erde gelenkt.

Sonnenspektrum. Um die Mitte des 19. Jahrhunderts entwickelten der Che-
miker ROBERT BUNSEN und der Physiker GUSTAV ROBERT KIRCHHOFF die
Spektralanalyse; das ist die Untersuchung von Eigenschaften der Lichtquellen durch Zerlegung des Lichts. Weißes Licht wird beim Durchgang
durch einen schmalen Spalt und ein Glasprisma oder ein optisches Gitter in
unterschiedliche Farben zerlegt. Es entsteht ein farbiges Lichtband, ein
Spektrum (Bild 2).

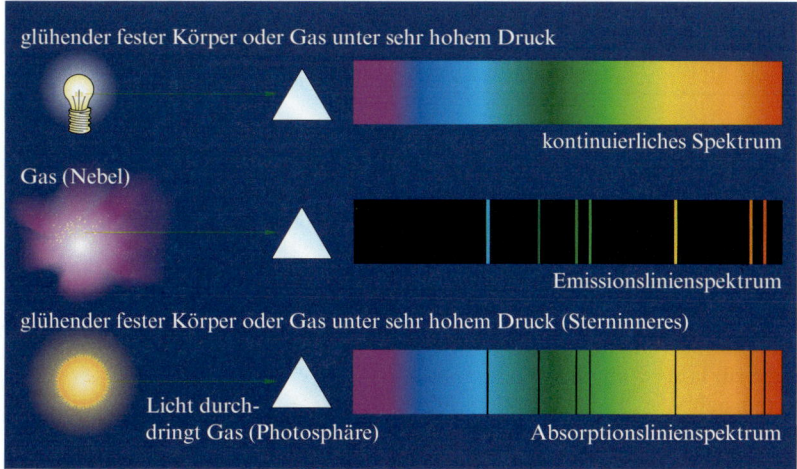

Entstehung und Arten der Spektren

Alle festen oder flüssigen und alle unter hohem Druck stehenden gasförmigen Lichtquellen senden Licht aus, in dessen Spektrum die Farben ohne Unterbrechung ineinander übergehen (**kontinuierliches Spektrum**). Eine solche Lichtquelle ist auch das Innere der Sonne. Leuchtende Gase unter niedrigem Druck ergeben ein **Emissionslinienspektrum,** das aus einzelnen farbigen Linien auf dunklem Untergrund besteht. Ihre Anzahl und Anordnung sind typisch für die chemische Zusammensetzung des Gases.

Wenn weißes Licht einer heißen Lichtquelle durch kühlere Gase hindurch tritt, so entstehen in seinem Spektrum dunkle **Absorptionslinien** an den Stellen, an denen sich sonst die Emissionslinien der kühleren Gase befinden. Diese Situation ist bei der Sonne gegeben: Das Licht aus dem Sonneninneren durchdringt die äußeren Gasschichten der Sonne. Deshalb ist es möglich, mithilfe der Spektralanalyse die chemische Zusammensetzung der Photosphäre zu bestimmen. Ihre Hauptbestandteile bilden Wasserstoff (73%) und Helium (25%).

Da die Sonne nicht vollständig durchmischt wird, zeigt das Sonnenspektrum die ursprüngliche chemische Zusammensetzung der Materie an, aus der die Sonne entstanden ist.

Das Sonnenspektrum enthält dunkle Absorptionslinien. Sie entstehen beim Durchgang des Lichts durch die kühleren Bereiche der Photosphäre.

Strahlungsleistung der Sonne. Eine Fläche von $1\,m^2$, die sich oberhalb der Erdatmosphäre befindet und auf die die Sonnenstrahlung senkrecht auftrifft, empfängt eine Strahlungsleistung von $1,36\,kW$. Diese Größe $S = 1,36\,kW \cdot m^{-2}$ heißt **Solarkonstante.**

Zur Berechnung der gesamten Strahlungsleistung der Sonne denkt man sich eine Kugel, in deren Zentrum sich die Sonne befindet und an deren Innenfläche die Bahn der Erde verläuft (Bild 2). Jedem Quadratmeter dieser Innenfläche wird die gleiche Leistung, $1,36\,kW$, zugestrahlt. Da der Radius der Kugel bekannt ist (es ist der Abstand Sonne–Erde), kann die Innenfläche A berechnet werden. Die Gesamtstrahlungsleistung L der Sonne erhält man, indem man diese Fläche A mit der Solarkonstante S multipliziert: $L = A \cdot S$. Diese Gesamtstrahlungsleistung wird als **Leuchtkraft** bezeichnet, sie beträgt $3,8 \cdot 10^{23}\,kW$.

Übrigens

Am Erdboden ist die empfangene Strahlungsleistung wegen der absorbierenden und reflektierenden Wirkung der Atmosphäre deutlich geringer.

> Die Leuchtkraft L der Sonne beträgt $3,8 \cdot 10^{23}\,kW$.

Der Begriff Leuchtkraft ist historisch entstanden. Im physikalischen Sinne handelt es sich dabei jedoch nicht um eine Kraft, sondern – wie beschrieben – um eine Leistung, nämlich den Quotienten aus der abgegebenen Energie und der dafür benötigten Zeit.

Neutrinos. Bei der Kernfusion im Zentralgebiet der Sonne entstehen neben anderen Elementarteilchen Neutrinos, elektrisch neutrale Teilchen. Wegen ihrer extrem geringen Wechselwirkung mit anderen Teilchen verlassen sie – im Unterschied zu der Strahlungsenergie, die für lange Zeit im Sonneninneren herumirrt – die Sonne sofort und breiten sich geradlinig im Weltraum aus. Neutrinos lassen sich nur unter größten Schwierigkeiten nachweisen. Der berechnete Neutrinostrom in Erdnähe beträgt $6,5 \cdot 10^{14}$ Neutrinos je Quadratmeter und Sekunde.

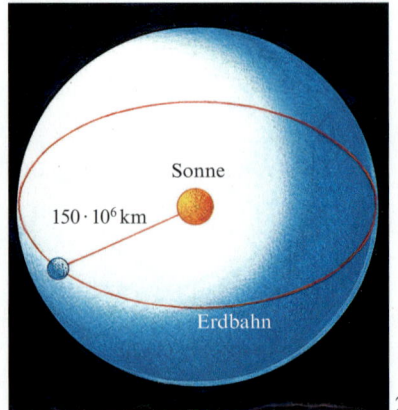

Skizze zur Berechnung der Sonnenleuchtkraft

Sonnenaktivität

In begrenzten Gebieten auf der Sonne und in der Sonnenatmosphäre treten veränderliche, relativ kurzlebige Erscheinungen auf – man nennt sie Sonnenaktivität. Diese Erscheinungen werden durch Veränderungen im Magnetfeld der Sonne verursacht.

Erscheinungsformen der Sonnenaktivität. Am auffälligsten sind die **Sonnenflecke,** dunkle, unregelmäßige Gebilde unterschiedlicher Größe in der Photosphäre, die einige Tage oder Wochen bestehen bleiben – dabei auch ihre Form und Größe verändern – und schließlich wieder vergehen.

Sonnenflecke sind die Stellen, an denen magnetische Feldlinien nahezu senkrecht aus der Photosphäre austreten (Bild 1). Da die Magnetfelder den Energiestrom aus der Wasserstoffkonvektionszone in die Photosphäre drosseln, ist die Temperatur in den Sonnenflecken stets niedriger als in der ungestörten Photosphäre. Der Unterschied beträgt etwa 2 000 K.

Mit dem Fernrohr betrachtet sehen die Sonnenflecke fast schwarz aus (siehe auch Bild 1, S. 75). Das ist die Folge des Kontrastes zur umgebenden Photosphäre. In Wirklichkeit leuchtet auch das scheinbar dunkle Zentrum eines Sonnenflecks so hell wie ein Körper mit einer Temperatur von fast 4 000 K.

Übrigens

Sonnenflecke können in Ausnahmefällen Durchmesser von 200 000 km erreichen. Dann sind sie bei tief stehender Sonne auch mit dem bloßen, durch ein Filter geschützten Auge zu sehen.

Sonnenfleckengruppe und Magnetfeldlinien

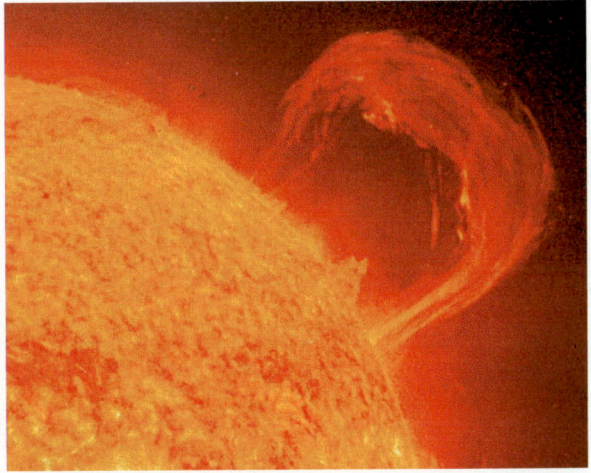

Bogenförmige Protuberanz, deren Struktur die magnetischen Feldlinien nachbildet

Bei der Beobachtung der Sonne mit dem Fernrohr zeigen sich vor allem am Sonnenrand fadenförmige helle Gebilde, die **Fackeln.** Sie stehen meist mit Sonnenflecken in Verbindung und treten oft als deren Vorboten auf. Fackeln erscheinen heller als ihre Umgebung, weil in ihnen die Temperatur der Chromosphäre etwa 1 000 K über dem Normalwert liegt.

Die Wirkungen der Magnetfelder reichen bis weit über die Chromosphäre hinaus. Wenn sich Materie entlang der Feldlinien konzentriert, entstehen leuchtende bogen- oder brückenartige Strukturen, die bei totalen Sonnenfinsternissen oder mit speziellen Lichtfiltern im Fernrohr gegen den dunklen Himmelshintergrund gut zu sehen sind (Bild 2). Sie heißen **Protuberanzen.** Protuberanzen können tagelang nahezu unverändert bestehen und sich dann allmählich auflösen. Es kommt aber auch vor, dass sie in ein aktives Stadium übergehen und sich in aufwärts oder abwärts gerichtete Gasströme verwandeln.

Ausdruck des höchsten Stadiums in der Entwicklung eines aktiven Gebietes auf der Sonne ist das Auftreten einer **chromosphärischen Eruption.** Dabei wird Materie mit Geschwindigkeiten bis zu 300 km/s ausgestoßen, und es treten explosionsartige Energieausbrüche in Form elektromagnetischer Wellen aller Wellenbereiche, mechanischer Druckwellen und Teilchenstrahlung auf. Sie breiten sich innerhalb von Minuten oder Stunden wie ein Flächenbrand über ein Gebiet von der Größe Europas aus. Dabei wird so viel Energie freigesetzt, dass man damit den derzeitigen Energiebedarf der Erdbevölkerung einige hundert Jahre lang decken könnte. Stets sind Magnetfelder die Ausgangsorte dieser Ereignisse, die bis in den erdnahen Weltraum wirken.

Auch die **Form der Korona** ist nicht immer gleich. Zu Zeiten geringer Sonnenaktivität ist die Korona in der Nähe des Sonnenäquators weit ausgedehnt, während über den Polargebieten der Sonne nur kurze Strahlenbündel zu sehen sind. Wenn die Sonnenaktivität jedoch sehr hoch ist, zeigt die Korona ein mehr kugelsymmetrisches Aussehen.

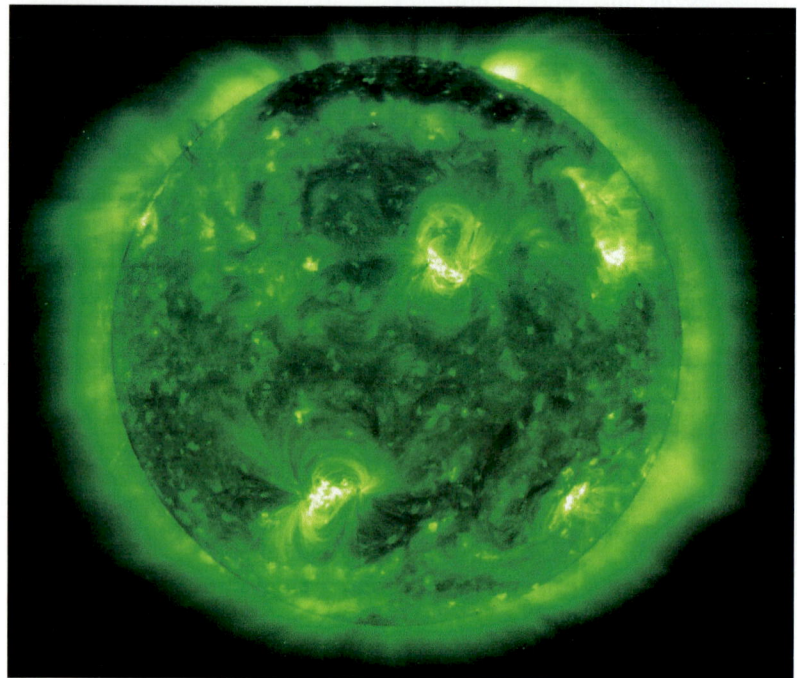

Die Sonne im ultravioletten Licht. Die aktiven Gebiete sind Quellen starker ultravioletter Strahlung (Aufnahme des Sonnensatelliten SOHO).

Periode der Sonnenaktivität. Die Häufigkeit, mit der die Erscheinungen der Sonnenaktivität auftreten, schwankt mit einer Periode von rund 11 Jahren. Betrachtet man jedoch die Polarität der beteiligten Magnetfelder, so verdoppelt sich dieser Wert. Nach jeweils 11 Jahren ist zwar die maximale Häufigkeit der Sonnenflecke, Fackeln, Protuberanzen und Eruptionen wieder erreicht, aber die dabei auftretenden Magnetfelder haben gegenüber dem vorhergehenden Maximum die umgekehrte Polarität. Erst nach 22 Jahren ist der Ausgangszustand wieder erreicht. Die 11-jährige Häufigkeitsperiode wird im Allgemeinen nur ungefähr eingehalten, es kommen Abweichungen bis zu einem Jahr vor. Maxima der Sonnenaktivität gab es z. B. 1980, 1990/91 und 2000/01, Minima 1976, 1986 und 1996. Die Maximalaktivität (z. B. gemessen an der Zahl der auftretenden Sonnenflecke) ist nicht immer gleich hoch. 1990/91 war ein sehr hohes Maximum.

Wirkungen der Sonne auf die Erde

Energie und Leistung. Die Erde empfängt von der Sonne eine Leistung von $1{,}74 \cdot 10^{14}\,\text{kW}$. Davon wird ein Anteil von etwa einem Prozent ($10^{12}\,\text{kW}$) in kinetische Energie der Atmosphäre (Wind) umgesetzt.

Die Sonne hält den Kreislauf des Wassers in Gang und ist die Energiequelle für alle Lebensvorgänge. Die weltweit durch technische und biologische Prozesse umgesetzte Strahlungsleistung von der Sonne beträgt etwa $10^{10}\,\text{kW}$. Es wird also nur 1/20000 der auftreffenden Leistung technisch oder biologisch genutzt.

Gravitation. Infolge der zwischen Sonne und Erde wirkenden Gravitationskraft beschreibt die Erde eine fast kreisförmige Bahn um die Sonne. Dadurch ist eine annähernd gleichmäßige Energiezufuhr für die Erde gewährleistet. Allerdings befindet sich die Sonne nicht genau im Mittelpunkt der Bahn; der größte Abstand Anfang Juli ist um 3,4 % größer als der kleinste, der Anfang Januar erreicht wird. Die dadurch bewirkte Schwankung der Energiezufuhr beträgt jedoch nur wenige Prozent.

Wirkungen der Sonnenaktivität. Die Sonnenaktivität ist nicht auf die auf der Sonne beobachtbaren Erscheinungen, wie z. B. die Sonnenflecke, beschränkt. Sie ist auch auf der Erde nachweisbar. Starke Eruptionen sind Quellen intensiver Teilchenstrahlung. Wenn die Teilchen in die Nähe der Erde gelangen, so verändern sie für einige Stunden oder sogar für einige Tage die Richtung und die Stärke des irdischen Magnetfeldes. Solche Änderungen heißen **magnetische Stürme;** sie können durch Induktion in elektrischen Leitungen an der Erdoberfläche, z. B. in Telefonleitungen, störende elektrische Spannungen verursachen.

Das Magnetfeld der Erde wirkt auch als Schutzschild für alle Lebewesen. Die Teilchen des Sonnenwindes benötigen – anders als das Licht – einige Tage für den Weg von der Sonne zur Erde.

Polarlichter entstehen, wenn elektrisch geladene Teilchen des Sonnenwindes, hauptsächlich Elektronen, aber auch Protonen, auf die oberen Schichten der Atmosphäre treffen (Bild 1). Dort regen sie die vorhandenen Gasmoleküle zum Leuchten an. Polarlichter treten hauptsächlich in den Polregionen – in Höhen zwischen 100 km und 300 km – auf, weil die Teilchen vom Magnetfeld entlang der Magnetfeldlinien zu den Polen gelenkt werden. Dort verläuft das Magnetfeld senkrecht zur Oberfläche, und die Teilchen können in die Atmosphäre eintreten.

Auch manche Störungen des Radio- und Funkverkehrs, vor allem im Kurzwellenbereich, haben ihre Ursache in der Sonnenaktivität.

Außerdem heizen die Teilchenströme die Atmosphären der Planeten auf. Die Erdatmosphäre reagiert auf diese Temperaturerhöhung, indem sie sich ausdehnt. Das kann die Bahnbewegung künstlicher Erdsatelliten erheblich beeinflussen.

Auch die Ausbreitungsgeschwindigkeit elektromagnetischer Wellen in der Erdatmosphäre wird durch den Sonnenwind verändert. Das hat zur Folge, dass Satelliten-Navigationssysteme, wie zum Beispiel GPS, gestört werden. Die Anzeigefehler betragen dann auf der Erdoberfläche bis zu 50 m.

Polarlicht

Polarlichter auf dem Saturn, Aufnahme des Hubble-Space-Telescopes

Übrigens

Welche Wirkungen magnetische Stürme und andere Erscheinungen der Sonnenaktivität auf lebende Organismen ausüben und warum das geschieht, ist noch weitgehend ungeklärt. Die Jahresringe vieler Baumarten zeigen eine ausgeprägte 11-jährige Periode, da in Zeiten hoher Sonnenaktivität das Dickenwachstum dieser Bäume offenbar beschleunigt verläuft. Die Ursachen dafür sind unbekannt.

Sonnenbeobachtung

In der Schule beobachtet man die Sonne mithilfe eines Fernrohrs, meist als Projektionsbild auf einer weißen Fläche, die hinter dem Okular angebracht ist. Der direkte Blick in die Sonne durch ein Fernrohr hätte schwerste Schädigungen der Augen zur Folge.

In der astronomischen Forschung muss darauf Rücksicht genommen werden, dass sich während der Beobachtung die Luft über dem Erdboden und im Fernrohr stark erwärmt. Dabei entstehen Luftschlieren, die das Bild der Sonne im Fernrohr zu einer strukturlosen Scheibe verwischen, auf der keine Einzelheiten erkennbar sind. Deshalb werden viele Sonnenteleskope als Turmteleskope gebaut, deren Eintrittsöffnung möglichst hoch über der Erdoberfläche liegt (Bilder 1, 4, 5).
Das Teleskop ist in diesem Falle unbeweglich; das Sonnenlicht wird durch ein System von Spiegeln in die meist senkrecht angeordnete Optik gelenkt (Bild 1). Auch die Auswertegeräte sind – oft unterirdisch – ortsfest installiert.

Sonnenbeobachtungen ohne Einfluss der Erdatmosphäre sind nur aus dem Weltraum möglich. Seit 1995 befindet sich das Solar and Heliospheric Observatory – **SOHO** mit 12 Beobachtungsinstrumenten auf einer Bahn um die Sonne, rund 1,5 Millionen km innerhalb der Erdbahn.
Eigentlich müsste SOHO wegen des kleineren Abstandes die Sonne schneller umrunden als die Erde (3. Kepler'sches Gesetz). In dieser Entfernung ist jedoch die zusätzliche Gravitationsanziehung der Erde gerade so groß, dass SOHO immer im selben Abstand von der Erde gehalten wird. Damit kann die Sonne rund um die Uhr beobachtet werden.
Die 1990 gestartete Sonnensonde **ULYSSES** umläuft die Sonne auf einer stark elliptischen Bahn; sie benötigt für einen Umlauf 6,2 Jahre und überfliegt dabei auch die Polregionen der Sonne.

beweglicher Planspiegel — Sonnenlicht — fester Planspiegel — Objektiv — fester Planspiegel — Auswertungsgeräte

Schnitt durch ein Turmteleskop　1

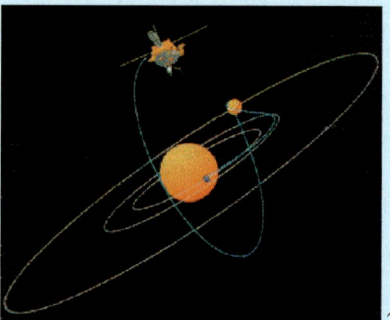

ULYSSES　2

SOHO　3

Einsteinturm in Potsdam　4

5　Sonnenturm des Mt.-Wilson-Observatory nördlich von Los Angeles

Sonnenforschung

Sonnenflecke. Im Jahre 1609 baute der italienische Physiker GALILEO GALILEI (1564 – 1642) das kurz zuvor in Holland erfundene Fernrohr nach und wendete dieses Instrument erstmalig bei astronomischen Beobachtungen an. Er entdeckte die Ringgebirge und die Ebenen auf dem Mond (die Ebenen hielt er irrtümlich für Ozeane), die Lichtgestalten der Venus, die hellen Monde des Jupiters und auch die Sonnenflecken (Bild 1). Bis dahin galt die Sonne als unbefleckter, makelloser Himmelskörper. Auch von anderen Forschern wurden in dieser Zeit Sonnenflecken beobachtet. Zeitweilig hielt man sie für kleine Himmelskörper, die die Sonne umlaufen und sich vor der Sonne vorbei bewegen.

Das periodische Auftreten der Sonnenflecke wurde von einem Amateurastronomen entdeckt. Im Jahre 1843 fand der Dessauer Apotheker HEINRICH SAMUEL SCHWABE, dass die Sonnenflecke jeweils im Abstand von 10 Jahren besonders zahlreich erscheinen. Später wurde die Periode der Sonnenflecke genauer zu 11,1 Jahren bestimmt.

Spektralanalyse. Ein ganz wichtiges Hilfsmittel für die astronomische Forschung wurde die 1859 von GUSTAV ROBERT KIRCHHOFF (1824 – 1896) und ROBERT BUNSEN (1811 – 1899) begründete Spektralanalyse des Lichts. Sie erkannten, dass jedes zum Leuchten angeregte Gas unter niedrigem Druck anderes Licht aussendet. Die Linienspektren dieser Gase unterscheiden sich sehr stark voneinander. Jedes Gas hat sein eigenes Spektrum. Am Spektrum kann man zweifelsfrei erkennen, um welchen Stoff bzw. welches Stoffgemisch es sich handelt.
Schon 1814 hatte JOSEPH V. FRAUNHOFER im Sonnenspektrum dunkle Linien beobachtet, sie aber noch nicht deuten können.
Innerhalb kurzer Zeit entstand nun die Astrophysik als neues Teilgebiet der Astronomie.
In rascher Folge fanden die Forscher heraus, dass die Absorptionslinien in den Spektren der Sonne und anderer Lichtquellen bestimmten chemischen Elementen zugeordnet werden konnten. Im Jahre 1868 wurde im Sonnenlicht eine Spektrallinie entdeckt, die sich keinem bekannten Element zuordnen ließ. Der britische Astronom JOSEPH NORMAN LOCKYER (1836 – 1920) schloss daraus, dass es auf der Sonne ein bisher unbekanntes Element geben müsse. Er gab ihm den Namen **Helium** (nach Helios, dem altgriechischen Sonnengott). Erst ein Vierteljahrhundert später wurde Helium auch auf der Erde entdeckt.

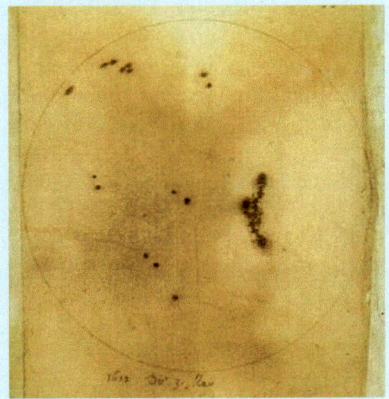

GALILEI – Skizze seiner beobachteten Sonnenflecken

JOSEPH VON FRAUNHOFER (1787 – 1826)

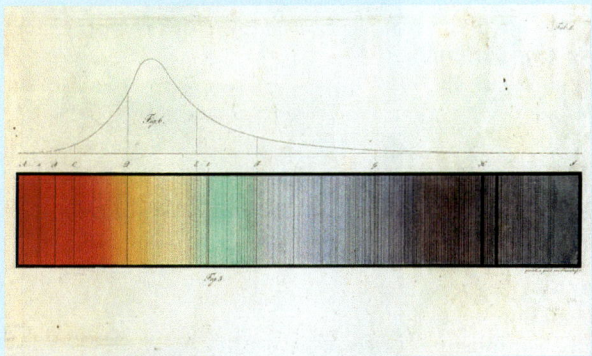

Sonnenspektrum mit Fraunhofer'schen Linien

Historischer Spektralapparat

Sonne und Gesundheit

Ernährung. Ohne die Sonne gäbe es kein Leben auf der Erde. Nicht nur die Energie in Form von Licht und Wärme, die wir zum Leben benötigen, stammt von der Sonne. Auch alle Nahrungsmittel beruhen letztlich darauf, dass das Chlorophyll der Pflanzen in der Lage ist, bestimmte Anteile der Sonnenstrahlung aufzunehmen und zum Aufbau hochmolekularer Verbindungen zu verwenden, zum Beispiel zu Zuckern, Eiweißen und Fetten.

1

Kosmische Strahlung. Ohne den Sonnenwind wäre die Erde unbewohnbar. Der Weltraum wird von einer sehr energiereichen Strahlung durchflutet, die als kosmische Strahlung bezeichnet wird. Die Teilchen, aus denen sie besteht, bewegen sich fast mit Lichtgeschwindigkeit. Diese Strahlung würde in kurzer Zeit alles Leben vernichten, wenn sie ungehindert auf die Erde träfe.

Schutz vor der kosmischen Strahlung bietet neben der Erdatmosphäre der Sonnenwind, genauer gesagt, die Grenzschicht zwischen dem von der Sonne abströmenden Plasmastrom und dem Gas, das sich zwischen den Sternen befindet (Bild 2). Der Sonnenwind bläht eine Art Blase in diesem Gas auf, deren Durchmesser etwa 200 AE beträgt. In der Grenzschicht sorgen verwirbelte Magnetfelder dafür, dass die Teilchen der kosmischen Strahlung abgelenkt werden. Nur ein kleiner Teil kann die Erde erreichen und wird in der Erdatmosphäre weitgehend unschädlich gemacht.

2

Eruptionen. Einen bis zwei Tage nach einer chromosphärischen Eruption erreichen die dadurch ausgelösten Teilchenströme die Erde. Die elektromagnetische Strahlung ist viel schneller; sie legt den Weg zur Erde in wenigen Minuten zurück. Sowohl die energiereichen Teilchen als auch die „harten" Wellenstrahlungen (Röntgen- und Gammastrahlung) sind extrem lebensfeindlich. Zum Glück sind wir durch die Erdatmosphäre gut geschützt.

3

Wer sich aber sehr hoch über der Erdoberfläche aufhält – da, wo die Atmosphäre zu dünn ist, um die Strahlung hinreichend zu dämpfen – ist bei chromosphärischen Eruptionen gefährdet. Das betrifft nicht nur Astronauten beim Aufenthalt außerhalb der Raumstation, sondern auch die Insassen von Flugzeugen (Bild 3), vor allem, wenn die Flugroute über die Magnetpole der Erde führt. Dorthin werden die energiereichen Teilchen durch das Magnetfeld der Erde abgelenkt, deshalb ist dort die Strahlenbelastung am größten.

Ultraviolettstrahlung. In Australien ist es längst üblich, sich im Sommer vor der grellen Sonne zu schützen, denn das Ozonloch in der Erdatmosphäre – die Verringerung der schützenden Ozonschicht, die die Erde in etwa 30 km Höhe umgibt – ist über der Südhalbkugel am stärksten ausgeprägt (Bild 2).

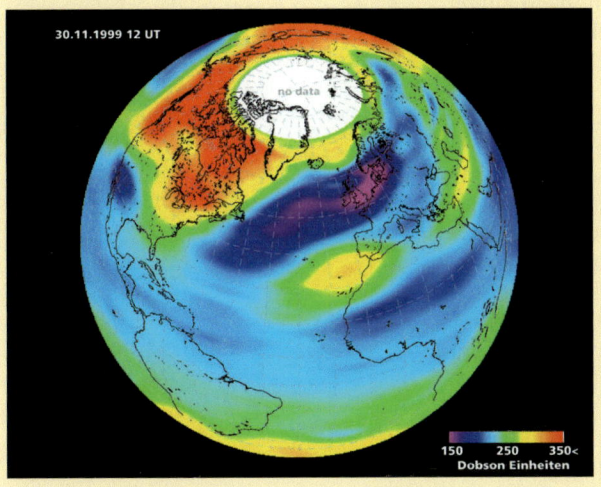

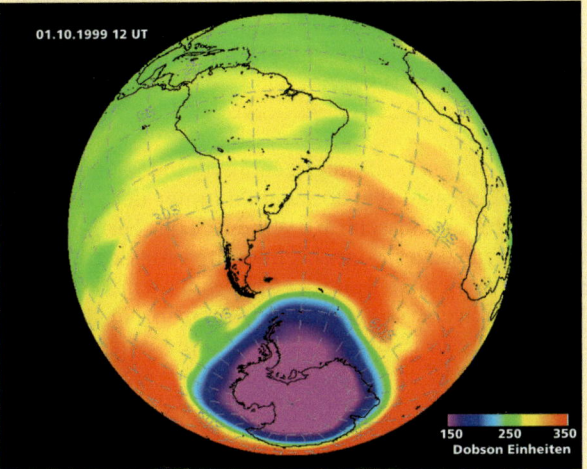

Die Ozonmenge in der Atmosphäre wird in der Einheit Dobson angegeben.
Bei einer Ozonmenge von unter 200 Dobson spricht man von einem Ozonloch.

Haut und Augen nehmen dauerhaft Schaden, wenn sie der Ultraviolettstrahlung übermäßig ausgesetzt werden. Wer oft Sonnenbrand hatte, läuft Gefahr, Hautkrebs zu bekommen. Besonders Kleinkinder sind gefährdet, denn in ihrer Haut sind die schützenden Schichten noch nicht so robust, wie bei Jugendlichen oder Erwachsenen.

Tipps zum Schutz vor Sonnenbrand
- ▶ Gewöhne deine Haut langsam an längere Sonnenbestrahlung; verbringe in den ersten Tagen die Zeit zwischen 12 Uhr und 15 Uhr im Schatten.
- ▶ Nimm nicht öfter als 50-mal pro Jahr ein intensives Sonnenbad.
- ▶ Kleinkinder sind besonders gut vor starker Sonnenstrahlung zu schützen. Die UV-Dosis, die man in den ersten Lebensjahren erhält, erhöht das Risiko der Entstehung von Hauttumoren.
- ▶ Trage Sonnenschutzmittel mit ausreichendem Schutzfaktor mindestens 30 Minuten vor dem Sonnenbad auf.
- ▶ Benutze keine Kosmetika, Deodorants oder Parfüms beim Sonnenbaden. Es besteht die Gefahr bleibender Pigmentierung (Farbveränderung der Haut).

Der UV-Index. Jeden Tag gibt das Bundesamt für Strahlenschutz bekannt, wie groß in verschiedenen Gebieten die Einstrahlung von UV-Strahlung ist. Hierfür spielt die Ozonsituation in der Atmosphäre eine wichtige Rolle. Der UV-Index (UVI) beschreibt den am Boden erwarteten Tagesspitzenwert der UV-Strahlung. An unbewölkten Tagen wird dieser Wert zur Mittagszeit erreicht. Je höher der UVI ist, desto höher ist das Sonnenbrandrisiko.

Schon gewusst?
Auch ein Mangel an Sonnenlicht kann die Gesundheit gefährden: Die Ultraviolett-Anteile der Sonnenstrahlung werden benötigt, um das lebenswichtige Vitamin D aus seinen Vorstufen (Provitaminen) aufzubauen. Vitamin-D-Mangel beziehungsweise ungenügende Sonnenbestrahlung führen vor allem bei Säuglingen und Kleinkindern zu fehlerhafter Knochenbildung (Rachitis).

AUFGABEN

1. Informiere dich über die 4 Hauttypen. Für welchen Hauttyp hältst du dich? Was bedeutet das für dich?
2. Warum ist die Sonneneinstrahlung in der Mittagszeit am höchsten?
3. Was kannst du selbst tun, damit das Ozonloch nicht so schnell wächst?
4. Beschreibe den Temperaturverlauf der Atmosphäre! Warum ist es in ca. 40 km Höhe relativ warm?

Sonnenbeobachtung

Die Sonne darf ohne ausreichenden Schutz weder durch ein Fernrohr oder Fernglas noch mit dem bloßen Auge beobachtet werden. Schon ein kurzer Blick durch ein Fernrohr kann zu schwersten Augenschäden bis zur Erblindung führen! Auch eine Sonnenbrille ist kein ausreichender Schutz für die Augen.

Übrigens

Nicht alle Okulare sind für die Sonnenprojektion geeignet. Unbedingt Herstellerhinweise beachten!

Die sicherste Beobachtungstechnik für die Sonne ist die Projektionsmethode. Dabei entsteht das Sonnenbild hinter dem Fernrohr auf einer weißen Fläche (Projektionsschirm). Wer durch das Fernrohr zur Sonne blicken will, muss ein spezielles Sonnenschutzfilter vor dem Fernrohrobjektiv befestigen. Bei der Beobachtung der Sonne mit dem bloßen Auge schützt man die Augen durch eine so genannte Finsternisbrille. Sie enthält anstelle der Gläser eine Filterfolie, die das Licht und die Wärmestrahlung der Sonne ausreichend dämpft.

Das Sonnenspektrum kann man durch ein Okularspektroskop beobachten. Dieses Gerät wird nicht auf die Sonne, sondern auf eine beliebige Stelle am Taghimmel gerichtet. (Auch das Blau des Taghimmels ist gestreutes Sonnenlicht!)

AUFTRAG 1

1. Befestige den Projektionsschirm am Okularende des Schulfernrohrs und richte das Fernrohr auf die Sonne. Beobachte dabei den Schatten des Gerätes auf dem Projektionsschirm! Das Fernrohr ist korrekt ausgerichtet, wenn sein Schatten am kleinsten ist. Dann erscheint auch das kreisförmige Bild der Sonne auf dem Projektionsschirm. Die Bildschärfe regelst du am Okularauszug.
2. Beobachte das Sonnenbild auf dem Projektionsschirm einige Minuten lang. Der Nachführungsmotor soll dabei ausgeschaltet sein. Wodurch macht sich die Rotation der Erde bemerkbar?
3. Zähle die Sonnenflecke! In der Nähe der Flecken kann man oft auch helle Sonnenfackeln beobachten. Besonders deutlich sind die Fackeln am Sonnenrand.
4. Schätze die Rotationsdauer der Sonne ab, indem du dieselben Sonnenflecken über mehrere Tage verfolgst.

AUFTRAG 2

Befestige auf dem Projektionsschirm ein Blatt Millimeterpapier und ermittle den Durchmesser eines Sonnenflecks!
Wenn
- d_w der wahre Durchmesser des Sonnenflecks (in km),
- d_p der Durchmesser dieses Flecks auf dem Projektionsschirm (in mm),
- D_w der wahre Durchmesser der Sonne (in km),
- D_p der Durchmesser des Sonnenbildes auf dem Projektionsschirm (in mm) ist, dann gilt:

$$d_w : d_p = D_w : D_p.$$

Berechne mithilfe dieser Proportion den wahren Durchmesser des Sonnenflecks!

AUFTRAG 3

1. Beobachte das Sonnenspektrum und versuche, die Absorptionslinien zu erkennen. In welchen Bereichen (Farben) des Spektrums sind diese Linien am besten zu sehen?
2. Die Beobachtung des Sonnenspektrums ist sogar bei bedecktem Himmel möglich. Warum?
3. Wenn die Sonne früh oder abends ganz tief über dem Horizont steht, hat sie oft eine orangerote Farbe. Was könnte die Ursache für diese Verfärbung sein? (Denke an die Wegstrecke, die das Sonnenlicht in der Erdatmosphäre zurücklegt!)

1

AUFGABEN

1. Welche Zeit benötigt das Licht, um die Strecke Sonne–Erde zurückzulegen?
2. Wie lange sind Protonen aus der Teilchenstrahlung der Sonne (dem Sonnenwind) zur Erde unterwegs, wenn ihre Geschwindigkeit 400 km/s beträgt?
3. Der scheinbare Sonnendurchmesser ist der Winkel, unter dem ein Beobachter auf der Erde den Sonnendurchmesser sieht (Bild 1). Wie groß ist dieser Winkel?

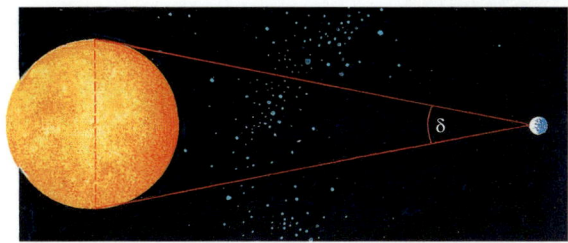

1

4. Wie groß ist das Volumen der Sonne? Vergleiche es mit dem Volumen der Erde!
5. Wie groß wäre die Gewichtskraft eines Körpers mit der Masse $m = 60\,kg$ an der Sonnenoberfläche (Photosphäre)?

6. Wie viel Prozent ihrer Masse verliert die Sonne jährlich durch den Sonnenwind?
7. Wie viel Prozent ihrer Masse hat die Sonne durch die Kernfusion, wie viel durch den Sonnenwind seit ihrer Entstehung vor $4,6 \cdot 10^9$ Jahren verloren?
8. Wie groß ist die Innenfläche einer gedachten Kugel mit dem Radius $r = 1\,AE$ und der Sonne im Mittelpunkt?
9. Vergleiche die Photosphärentemperatur der Sonne mit den Schmelz- und Siedetemperaturen einiger Metalle!
10. Berechne aus der Solarkonstanten die insgesamt auf die Erde treffende Strahlungsleistung!
11. Um wie viel Prozent ist die auf die Erde treffende Strahlungsleistung im Perihel, also zu Beginn des Winters auf der Nordhalbkugel, größer als beim Durchgang der Erde durch ihr Aphel Anfang Juli?
12. Bei jeder Sonnenbeobachtung erscheint die Sonne als fast gleichmäßig helle Scheibe, weil sie aus undurchsichtigem Gas besteht. Was wäre zu beobachten, wenn die Sonne aus durchsichtigem Gas bestünde?
13. Nenne die Strahlungsarten, die in der Sonnenstrahlung enthalten sind!

ZUSAMMENFASSUNG

Die Sonne ist ein Stern – eine selbstleuchtende Gaskugel – großer Masse und hoher Temperatur, die zu 3/4 aus Wasserstoff besteht.

Aufbau der Sonne	Aufbau der Sonnenatmosphäre	Temperatur	Radius	Masse	Leuchtkraft
Zentralgebiet Strahlungstransportgebiet Wasserstoffkonvektionszone	Photosphäre Chromosphäre Korona	Photosphäre: $6\,000\,K$ Zentrum: $15 \cdot 10^6\,K$	$700\,000\,km$ (109 Erdradien)	$2 \cdot 10^{30}\,kg$ (330 000 Erdmassen)	Strahlungsleistung $L = 3,8 \cdot 10^{23}\,kW$

Sonnenaktivität: Gesamtheit aller Sonnenflecken, Fackeln, Eruptionen, Protuberanzen; alle 11 Jahre gehäuft auftretend

Sonnenstrahlung: besteht aus elektromagnetischen Wellen und geladenen Teilchen; von der Erdatmosphäre unterschiedlich absorbiert. Die Zerlegung des Sonnenlichtes ergibt ein farbiges Lichtband (Spektrum) mit Absorptionslinien.

Wirkungen der Sonnenstrahlung auf die Erde: Licht, Wärme, Polarlichter, magnetische Stürme, Störungen des Funkverkehrs

Sonnenenergie: durch Kernfusion freigesetzt: $4\,H \longrightarrow He + Energie$

1

Dieses Bild zeigt einen Ausschnitt des Sternsystems, dem auch die Sonne angehört. Etwa 200 Milliarden Sterne sind darin vereinigt. Sterne haben auch der Astronomie ihren Namen gegeben: Astron (griechisch: der Stern) und Nomos (griechisch: das Gesetz). Der Name macht deutlich, was diese Wissenschaft anstrebt: Die Gesetze aufzudecken, denen die Sterne unterworfen sind. Sterne sind nicht nur Lichtpunkte am Nachthimmel!

Helligkeiten und Entfernungen der Sterne

Scheinbare Helligkeiten. Alle Sterne sind selbstleuchtende Gaskugeln wie die Sonne. Sie sind jedoch – die Sonne ausgenommen – so weit von der Erde entfernt, dass ihre Kugelgestalt nicht wahrgenommen werden kann. (Die flächenhaften Bilder der Sterne auf fotografischen Himmelsaufnahmen entstehen durch die Eigenschaften der Aufnahmeoptik und der lichtempfindlichen Schicht des Films.)

Bei jeder Beobachtung des Sternhimmels stellen wir fest: Wir sehen die Sterne an der Himmelskugel unterschiedlich hell; sie besitzen unterschiedliche scheinbare Helligkeiten. Die scheinbare Helligkeit hängt vor allem von der Leuchtkraft des Sterns und von dessen Entfernung von der Erde ab. Aber auch Licht absorbierende Stoffe (Gas- und Staubwolken) im Weltraum und in der Erdatmosphäre beeinflussen (vermindern) die scheinbare Helligkeit.

> Die scheinbare Helligkeit m eines Sterns gibt an, wie hell uns ein Stern am Himmel erscheint.

Um die scheinbaren Helligkeiten unterschiedlicher Sterne miteinander zu vergleichen, wird seit dem Altertum die Einheit **Größenklasse** verwendet. Oft bezeichnet man sie auch abgekürzt als Größe (lateinisch: magnitudo) des Sterns. Mit dem Durchmesser des betreffenden Sterns hat das aber nichts zu tun. Ursprünglich gab es nur sechs Größenklassen. Die hellsten Sterne nannte man Sterne erster Größe (Schreibweise: 1^m); die schwächsten Sterne, die gerade noch mit dem bloßen Auge sichtbar sind, wurden zur 6. Größe (6^m) gezählt. Von Größenklasse zu Größenklasse nimmt die Intensität um genau denselben Faktor ab.

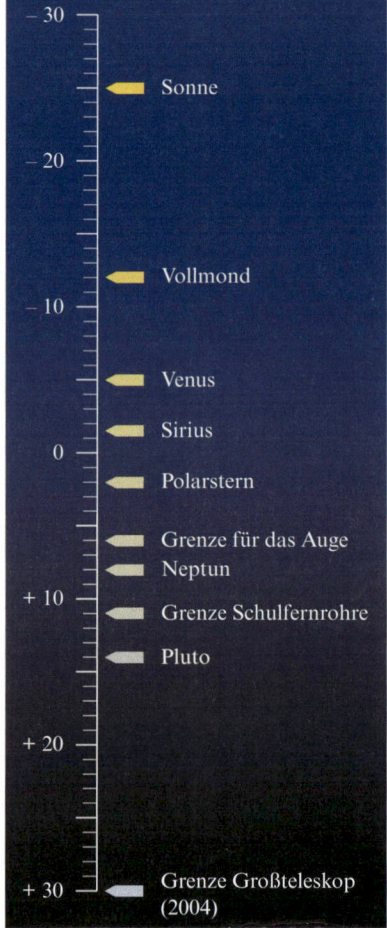

– 30
Sonne
– 20
Vollmond
– 10
Venus
Sirius
0 Polarstern
Grenze für das Auge
Neptun
+ 10 Grenze Schulfernrohre
Pluto
+ 20
+ 30 Grenze Großteleskop (2004)

2

Scheinbare Helligkeiten einiger Objekte

Da man bereits mit Ferngläsern und kleinen Fernrohren auch schwächere Sterne als 6^m beobachten kann, wurde die Helligkeitsskala auch auf größere Werte ausgedehnt.

Außerdem stellte sich heraus, dass die Astronomen des Altertums in der 1. Größenklasse Sterne mit unterschiedlichen scheinbaren Helligkeiten zusammengefasst hatten. So kam es zur Festlegung der Größenklassen 0, −1, −2 usw. Für genauere Angaben werden dezimale Zwischenwerte benutzt (Bild 2, vorher gehende Seite).

Beispiele für scheinbare Helligkeiten:

Sterne	scheinbare Helligkeit	Planeten	scheinbare Helligkeit
Sirius	$-1{,}43^m$	Venus	$-4{,}4^m$ bis $-3{,}3^m$
Arktur	$-0{,}06^m$	Mars	$-3{,}1^m$ bis $+2{,}0^m$
Deneb	$1{,}25^m$	Jupiter	$-2{,}7^m$ bis $-1{,}2^m$
Polarstern	$2{,}01^m$	Uranus	$5{,}3^m$ bis $6{,}2^m$

Kleinen positiven und – dem Betrage nach – großen negativen Zahlenwerten der in Größenklassen angegebenen scheinbaren Helligkeit entsprechen also große Helligkeiten und umgekehrt. Einer Helligkeitsdifferenz von 2,5 Größenklassen entspricht ein Verhältnis der Strahlungsintensitäten von 10 : 1.

Die Bestimmung der scheinbaren Helligkeiten der Sterne erfolgt durch Auswertung fotografischer Himmelsaufnahmen oder durch lichtelektrische Messung am Teleskop.

Entfernungen. Bei relativ nahen Sternen wird die Entfernung mithilfe eines von der Erde aus messbaren Winkels, der Parallaxe p des Sterns, ermittelt (siehe auch S. 28).

Man beobachtet den Stern von zwei einander gegenüberliegenden Punkten der Erdbahn aus (z. B. im Sommer und im Winter). Dabei schließen die Blickrichtungen zum Stern einen Winkel ein, der umso kleiner ist, je weiter der Stern von der Erde entfernt ist.

> Die Parallaxe p ist der halbe Winkel zwischen den Blickrichtungen von zwei gegenüberliegenden Punkten der Erdbahn zum Stern. Sie ist umgekehrt proportional der Entfernung r des Sterns: $p \sim \dfrac{1}{r}$.

Die Parallaxe ist außerordentlich klein; angegeben wird sie meist in Winkelsekunden ($1" = \dfrac{1°}{3\,600}$).

Während die Erde ihre jährliche Bahn um die Sonne vollzieht, hat es für den auf der Erde befindlichen Beobachter den Anschein, als ob die relativ nahen Sterne sich im gleichen Rhythmus gegen den Himmelshintergrund verschieben. Wenn sich ein Stern senkrecht über der Erdbahnebene befindet, so ist die Verschiebungsfigur ein genaues Abbild der Erdbahn; bei Sternen in anderen Stellungen beobachtet man eine mehr oder weniger gestreckte Ellipse. Deren große Achse erscheint an der Himmelskugel unter dem Winkel $2p$.

Übrigens

Die in der Astronomie verwendeten Strahlungsempfänger registrieren die scheinbaren Helligkeiten in Abhängigkeit von der Lichtwellenlänge unterschiedlich. (Auch das menschliche Auge empfindet die Helligkeit bei gleicher Strahlungsleistung unterschiedlich stark, je nachdem, in welcher Farbe es die Strahlung wahrnimmt. Am empfindlichsten ist es für grünes Licht.) Daher muss bei genauen Messungen scheinbarer Helligkeiten stets angegeben werden, mit welcher Art Strahlungsempfänger die Ergebnisse gewonnen wurden.

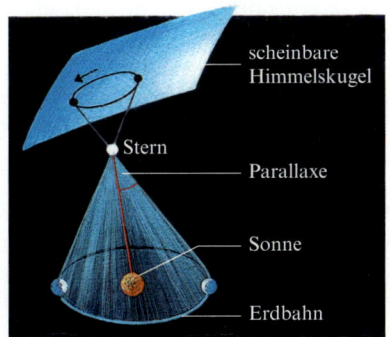

1

Die Blickrichtungen von zwei gegenüberliegenden Punkten der Erdbahn zum Stern schließen einen Winkel ein. Er kann aus der scheinbaren Verschiebung des Sterns an der Himmelskugel – Widerspiegelung der Umlaufbewegung der Erde um die Sonne – ermittelt werden.

Die Entfernung eines Sterns kann man mithilfe von Dreiecksberechnungen ermitteln.

> Aus der Parallaxe p eines Sterns lässt sich dessen Entfernung r von der Sonne berechnen.

Man wählt dabei die Entfernung, in der die Parallaxe eine Winkelsekunde (1") beträgt, als Einheit. Sie hat die Bezeichnung **Parsec (pc)** erhalten. (Parsec ist ein Kunstwort aus dem Englischen: parallax-second.)

Im Dreieck Sonne–Erde–Stern (Bild 1) gilt $\tan p = \dfrac{a}{r}$ und $r = \dfrac{a}{\tan p}$. Die Entfernung Erde–Sonne beträgt $a = 1\,\text{AE} = 149{,}6 \cdot 10^6\,\text{km}$. Mit $p = 1" = \dfrac{1°}{3\,600}$ erhalten wir $r = 3{,}09 \cdot 10^{13}\,\text{km}$; also: **$1\,\text{pc} = 3{,}1 \cdot 10^{13}\,\text{km}$**.

> Wenn man für p den Zahlenwert der in Winkelsekunden angegebenen Parallaxe einsetzt, so gilt $r = \dfrac{1}{p}$ und man erhält die Entfernung r in Parsec.

Eine andere Entfernungseinheit ist das **Lichtjahr (Lj)**; das ist die Strecke, die das Licht im Verlaufe eines Jahres zurücklegt.

> $1\,\text{pc} = 3{,}26\,\text{Lj}$; $1\,\text{Lj} = 9{,}5 \cdot 10^{12}\,\text{km}$.

Der Stern Proxima Centauri ist 4,22 Lj von der Sonne entfernt.

Die ersten Parallaxenmessungen wurden im Jahre 1838 u. a. von dem deutschen Astronomen FRIEDRICH WILHELM BESSEL durchgeführt. Damit war es erstmals möglich, kosmische Entfernungen über das Planetensystem hinaus zu messen und nachzuweisen, dass die Sterne unterschiedlich weit von der Erde entfernt sind. Außerdem war der Nachweis der Sternparallaxen der (bis dahin noch ausstehende) schlüssige Beweis für die Richtigkeit des heliozentrischen Weltbildes.

Mit der Parallaxenmethode sind Sternentfernungen bis zu 1 000 pc messbar. Für weiter entfernte Sterne wird die Entfernung aus den Leuchtkräften und den scheinbaren Helligkeiten dieser Sterne ermittelt.

Absolute Helligkeiten. Wenn alle Sterne gleich weit von der Erde entfernt wären, könnte man aus ihren scheinbaren Helligkeiten unmittelbar ihre Leuchtkräfte (Strahlungsleistungen) ermitteln. Um die Sterne unabhängig von ihren Entfernungen auch hinsichtlich ihrer Leuchtkräfte miteinander vergleichen zu können, wurde die absolute Helligkeit M (gemessen in Größenklassen) eingeführt.

> Die absolute Helligkeit M eines Sterns ist die Helligkeit, in der uns dieser Stern erscheinen würde, wenn seine Entfernung gleich 10 Parsec wäre. Sie ist ein Maß für die Leuchtkraft dieses Sterns.

Die absolute Helligkeit der Sonne beträgt $M = 4{,}8^{\,\mathrm{m}}$. Sie wäre also schon aus 10 pc Entfernung mit dem bloßen Auge nur noch als schwacher Stern zu sehen.

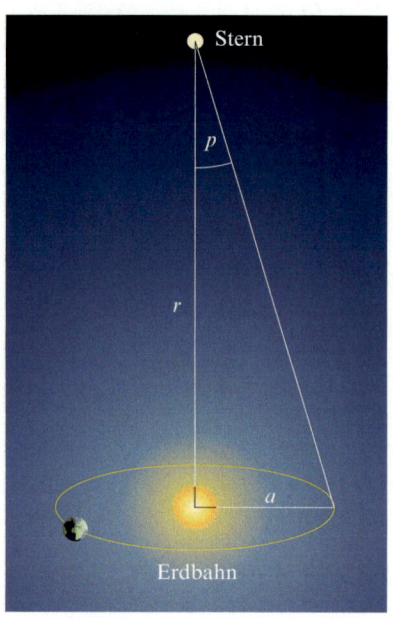

Parallaxe und Entfernung eines Sterns

Übrigens

Der Stern mit der größten Parallaxe trägt den Namen Proxima Centauri. Er befindet sich im Sternbild Centaurus auf der südlichen Himmelshalbkugel. Seine Parallaxe beträgt 0,77". Folglich ist Proxima Centauri

$$\frac{1}{0{,}77}\,\text{pc} = 1{,}3\,\text{pc}$$

von der Sonne entfernt.

Übrigens

Kennt man die absolute Helligkeit M und die scheinbare Helligkeit m eines Sterns, so kann man daraus seine Entfernung r berechnen. Zwischen den drei Größen besteht der Zusammenhang

$$m - M = 5 \cdot \lg r - 5$$

Dabei sind M und m in Größenklassen, r in pc einzusetzen.

Die Spektren der Sterne

Viele Eigenschaften der Sterne können ermittelt werden, indem man das Spektrum des Sternlichtes untersucht. Eine dieser Eigenschaften ist die chemische Zusammensetzung der Sternatmosphären. Die Sternspektren enthalten Absorptionslinien, wie sie auch im Spektrum der Sonne auftreten. Die Spektren der einzelnen Sterne unterscheiden sich aber auch darin, welche Farbe des kontinuierlichen Untergrundes am intensivsten ist, außerdem in der Anzahl, der Anordnung, der Intensität und der Breite der Absorptionslinien.

Leuchtkräfte. Die Leuchtkraft (Strahlungsleistung) eines Sterns lässt sich aus dem Verhältnis der Breiten bestimmter Absorptionslinien bestimmen. Schmale (scharfe) Linien weisen auf hohe Leuchtkraft, breite (verwaschene) Linien auf niedrige Leuchtkraft hin (Bild 1).

Die Leuchtkräfte der Sterne streuen in einem sehr weiten Bereich; sie reichen von 10^{-5} bis zu 10^5 Sonnenleuchtkräften.

Farben und Photosphärentemperaturen. Bei Beobachtungen heller Sterne ist zu erkennen, dass manche Sterne gelblich, andere bläulich und manche auch rötlich leuchten. Im Licht eines Sterns mit hoher Photosphärentemperatur überwiegt der blaue Anteil, im Licht eines Sterns mit niedrigerer Temperatur der rote. Die Farbe des Sternlichtes hängt deshalb von der Photosphärentemperatur des betreffenden Sterns ab.
In der Praxis bestimmt man die Sternfarbe meist durch mehrfache Helligkeitsmessungen in unterschiedlichen Farbbereichen. Bei der Messung der scheinbaren Helligkeit ergeben sich unterschiedliche Werte für denselben Stern, je nachdem, ob der verwendete Strahlungsempfänger für den kurzwelligen (blauen) oder den langwelligen (roten) Strahlungsbereich besonders empfindlich ist. Die Differenz beider Helligkeitswerte ist ein Maß für die Farbe des Sternlichtes.

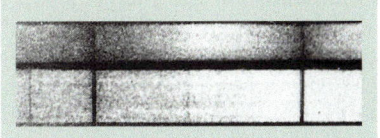

1

Ausschnitte aus den Spektren zweier Sterne. Das obere Spektrum stammt von einem Stern mit geringer Leuchtkraft, das untere von einem sehr leuchtkräftigen Stern. Die verwaschenen, unscharfen Wasserstofflinien im oberen Spektrum unterscheiden sich deutlich von den scharfen Linien des unteren Spektrums.

Übrigens

Da das Farbempfinden des menschlichen Auges bei geringen Helligkeiten nur sehr schwach ausgeprägt ist, kann man durch direkte Beobachtung solche Farbunterschiede nur bei den hellsten Sternen feststellen.

Typische Sternspektren				
Spektralklasse	Stern	Spektrum	Farbe des Sternlichtes	Photospärentemperatur
B	Spica		bläulich	25 000 K
A	Sirius		weiß	10 000 K
F	Prokyon		gelbweiß	7 000 K
G	Sonne		gelblich	6 000 K
K	Arktur		rötlich gelb	4 700 K
M	Beteigeuze		rötlich	3 300 K

Der Zusammenhang zwischen Farbe und Photosphärentemperatur ist aber nicht eindeutig. Genauere Angaben über die Temperatur erhält man aus der Anzahl und der Anordnung der Absorptionslinien im Sternspektrum.

Spektralklassen der Sterne. Nach dem Aussehen ihrer Spektren, insbesondere nach der Anordnung der auffälligsten Absorptionslinien, teilt man die Sterne in Spektralklassen ein, die mit Großbuchstaben bezeichnet werden. Jede Spektralklasse definiert einen bestimmten Bereich der Photosphärentemperatur und eine bestimmte Farbe des Sternlichtes (Bild 2, vorhergehende Seite).

Die meisten Sterne haben Photosphärentemperaturen zwischen 2 500 K und 25 000 K.

Die im Sterninneren herrschenden Temperaturen sind nicht durch Messungen, sondern nur auf theoretischem Wege zu ermitteln.

Das Hertzsprung-Russell-Diagramm

Zusammenhang zwischen Photosphärentemperatur und Leuchtkraft. Wenn ein Stern eine hohe Leuchtkraft besitzt, so bedeutet dies nicht notwendigerweise, dass auch seine Photosphärentemperatur hoch sein muss. Der Zusammenhang zwischen den Photosphärentemperaturen und den Leuchtkräften der Sterne ist Anfang des 20. Jahrhunderts von zwei Astronomen, dem Dänen EJNAR HERTZSPRUNG (1873–1967) und dem Amerikaner HENRY NORRIS RUSSELL (1877–1957), untersucht worden. Sie ermittelten für sehr viele Sterne die Spektralklassen und die absoluten Helligkeiten und trugen die gewonnenen Werte in ein Diagramm ein.

In diesem nach den beiden Forschern als **Hertzsprung-Russell-Diagramm** bezeichneten Schema ist jeder Stern durch einen Punkt symbolisiert (Bild 1, folgende Seite). Diese Punkte häufen sich in bestimmten Bereichen des Diagramms, den **Besetzungsgebieten**. Andere Bereiche des Diagramms sind praktisch leer.
Da die Spektralklasse der Photosphärentemperatur und die absolute Helligkeit der Leuchtkraft äquivalent sind, kann man das Hertzsprung-Russell-Diagramm auch als **Temperatur-Leuchtkraft-Diagramm** lesen. Aus historischen Gründen wird es stets so gezeichnet, dass die Photosphärentemperatur von rechts nach links zunimmt; die Achsen des Diagramms sind nicht linear geteilt. Je weiter links sich der Diagrammpunkt eines Sterns befindet, desto heißer ist der Stern; je weiter oben er sich befindet, desto größer ist die Leuchtkraft des Sterns.

Hauptreihensterne. Der dicht mit Diagrammpunkten besetzte Streifen, der sich von links oben nach rechts unten durch das Hertzsprung-Russell-Diagramm zieht, ist die Hauptreihe. Im Vergleich zur Hauptreihe enthalten die anderen Besetzungsgebiete nur sehr wenige Diagrammpunkte, d. h., es gibt nur wenige Sterne mit den betreffenden Temperatur-Leuchtkraft-Kombinationen.

Für die Hauptreihensterne gilt: Je höher die Photosphärentemperatur ist, desto größer ist auch die Leuchtkraft des betreffenden Sterns.

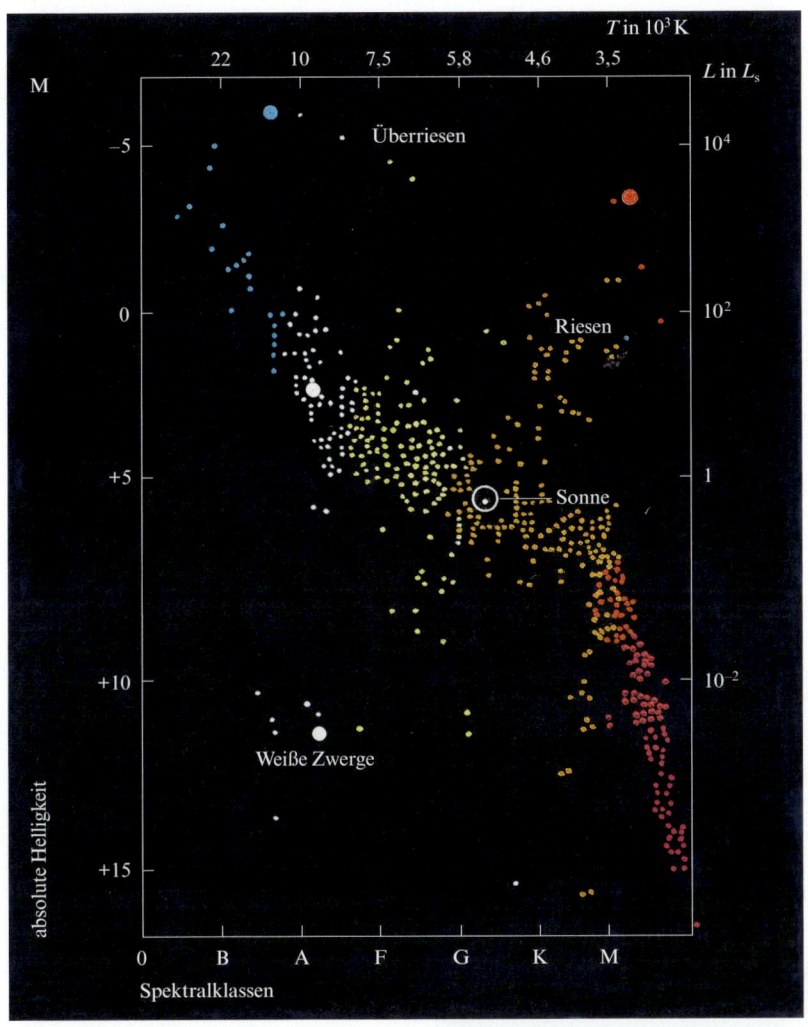

1 Hertzsprung-Russell-Diagramm

Von den Sternen in der näheren Umgebung der Sonne gehören über 90% der Hauptreihe an, davon entfallen die weitaus meisten auf die Spektralklasse M.

Riesensterne. Heiße Körper mit gleicher Temperatur geben dieselbe Strahlungsleistung pro Quadratmeter Oberfläche ab. Die höhere Leuchtkraft von Sternen oberhalb der Hauptreihe kann deshalb nur durch größere Radien dieser Sterne erklärt werden: Die größere Leuchtkraft entsteht durch Abstrahlung von einer erheblich größeren Oberfläche als bei Hauptreihensternen gleicher Photosphärentemperaturen. Riesensterne tragen ihre Bezeichnung folglich zu Recht.

Überriesensterne. Sterne, deren Leuchtkräfte – bei gleichen Photosphärentemperaturen – noch höher sind als die der Riesensterne, heißen Überriesensterne. Für sie gilt das zu den Riesen Gesagte in besonderem Maße. Überriesensterne sind sehr selten; sie können jedoch wegen ihrer großen Leuchtkräfte noch in außerordentlich großen Entfernungen beobachtet werden, in denen Riesen- und Hauptreihensterne nicht mehr beobachtbar sind.

Weiße Zwerge. Die Leuchtkräfte der Sterne, deren Diagrammpunkte sich im linken unteren Besetzungsgebiet des Hertzsprung-Russell-Diagramms befinden, betragen nur rund 1/10 000 der Leuchtkräfte von Hauptreihensternen gleicher Temperatur. Hier liegt der den Riesensternen entgegengesetzte Fall vor: Diese Sterne besitzen trotz relativ hoher Photosphärentemperaturen extrem geringe Leuchtkräfte. Ihre Oberflächen und damit ihre Radien müssen folglich sehr klein sein.

Um den Diagrammpunkt eines Sterns in das Hertzsprung-Russell-Diagramm einzutragen, müssen die Photosphärentemperatur und die Leuchtkraft bekannt sein. Diese Größen lassen sich im Prinzip aus der Beobachtung des Sternspektrums ermitteln.

Radien, Massen und Dichten der Sterne

Doppelsterne. Sternpaare, die am Himmel eng beieinander stehen, heißen Doppelsterne (Bild 1). Als physische Doppelsterne bezeichnet man Sternpaare, die durch die Gravitationskraft aneinander gebunden sind. (Die optischen Doppelsterne, die nur scheinbar eng zusammen, in Wirklichkeit aber weit hintereinander im Raum angeordnet sind, sollen hier nicht betrachtet werden.)

Die beiden Sterne eines Doppelsterns müssen Bewegungen umeinander bzw. um einen gemeinsamen Schwerpunkt ausführen, damit sie nicht durch die Gravitationskraft zu einem einzigen Stern verschmolzen werden. Diese Umlaufbewegungen lassen sich an vielen Doppelsternen beobachten, allerdings nur mit großen Fernrohren und im Verlaufe langer Zeiträume. Die Umlaufzeiten liegen zwischen 1,7 Jahren und mehr als 10 000 Jahren. Doppelsterne sind sehr häufig. Es wird vermutet, dass mindestens die Hälfte, möglicherweise aber sogar drei Viertel aller Sterne zu Doppelsternen gehören. Auch Mehrfachsterne mit bis zu 6 gravitativ zusammengehörigen Sternen wurden beobachtet.

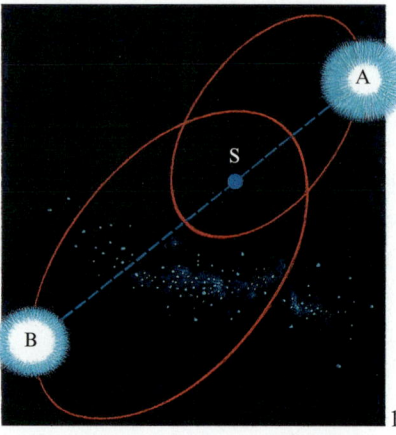

Doppelstern. Ein Sternpaar umläuft einen gemeinsamen Schwerpunkt.

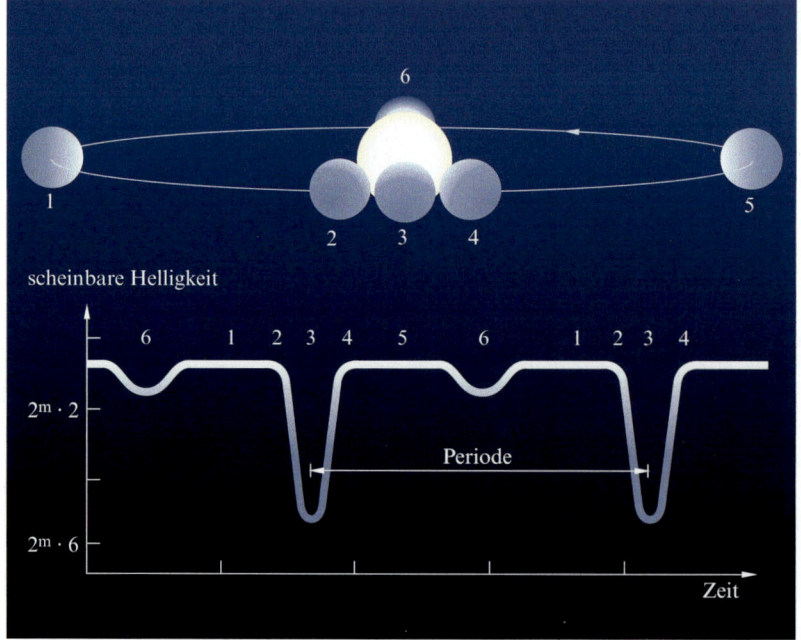

scheinbare Helligkeit

Bedeckungsveränderlicher. Oben: Anblick des Systems aus der Nähe. Der lichtschwächere umläuft den helleren Stern. Von der Erde aus kann man die beiden Sterne nicht getrennt sehen. Unten: Die dazu gehörige Helligkeit-Zeit-Kurve.

Nicht alle Doppelsterne lassen sich mit dem Fernrohr in zwei Einzelsterne auflösen. Dennoch ist es oft möglich, einen Lichtpunkt am Himmel als Doppelstern zu identifizieren; z. B. aus periodischen Veränderungen im Spektrum oder aus periodischen Helligkeitsänderungen (Bedeckungsveränderliche, Bild 2, vorher gehende Seite).

Ein **Bedeckungsveränderlicher** ist ein Doppelstern, dessen Bewegungsebene in unserer Blickrichtung liegt. Dadurch verdecken sich die beiden Sterne, von der Erde aus gesehen, gegenseitig in regelmäßigen Zeitabständen. Da Bedeckungsveränderliche fast immer sehr enge Doppelsterne sind, erscheinen die beiden beteiligten Sterne in der Regel auch bei Beobachtung mit dem Fernrohr nur als ein einziger Stern.

Wenn der lichtschwächere Stern den helleren bedeckt, vermindert sich die scheinbare Helligkeit des Gesamtsystems stark; bei der Bedeckung des schwächeren durch den helleren Stern vermindert sie sich dagegen nur unwesentlich.

Radien der Sterne. Aus der periodischen Veränderung der Gesamthelligkeiten von Bedeckungsveränderlichen lassen sich unter bestimmten Voraussetzungen die Radien der beteiligten Sterne sehr genau ermitteln. Dabei zeigt sich, dass Sterne mit extrem großen Radien (Überriesensterne) sehr selten sind, und dass innerhalb der Hauptreihe des Hertzsprung-Russell-Diagramms zwischen den Radien und den Leuchtkräften der Sterne ein Zusammenhang besteht:
Je größer die Leuchtkraft ist, desto größer ist auch der Radius des Sterns.
Von etwa 100 Bedeckungsveränderlichen sind genaue Sternradien bekannt; diese Sterne dienen in der Hauptreihe des Hertzsprung-Russell-Diagramms als Eichpunkte.

Massen der Sterne. Die einzige Wirkung, durch die sich die Masse eines Sterns bemerkbar macht, ist die Gravitationskraft. Sie kann bei Doppelsternen nachgewiesen werden. Aus der beobachtbaren Umlaufzeit T und der Entfernung r zwischen den beiden Sternen des Doppelsterns lässt sich die Summe der Massen m_1 und m_2 dieser Sterne berechnen:

$$m_1 + m_2 = \frac{4\pi^2}{\gamma} \cdot \frac{r^3}{T^2} .$$ (Das ist nichts anderes als das 3. Kepler'sche Gesetz.)

Genauere Untersuchungen der Bahnen der beiden Sterne liefern darüber hinaus die Massen auch einzeln.

Schreibt man die so bestimmten Massen der Sterne an die entsprechenden Diagrammpunkte im Hertzsprung-Russell-Diagramm, so erkennt man, dass die Sterne in der Hauptreihe entsprechend ihren Massen angeordnet sind (Bild 2):
Je weiter oben im Diagramm sich der Diagrammpunkt eines Sterns befindet, umso größer ist die Masse dieses Sterns (Masse-Leuchtkraft-Beziehung der Hauptreihensterne).
Bei Riesen- und Überriesensternen ist keine solche Gesetzmäßigkeit vorhanden, sie haben kaum größere Massen als Hauptreihensterne.

Die Massen der Sterne liegen zwischen 0,1 und 60 Sonnenmassen. Durch die Masse-Leuchtkraft-Beziehung ist es möglich, die Massen aller Hauptreihensterne zu bestimmen, sofern deren Leuchtkräfte bekannt sind (Bild 2). Am häufigsten sind Sterne mit weniger als einer Sonnenmasse.

Radien von Sternen	
Überriesen	20 bis 750 Sonnenradien
Riesen	3 bis 40 Sonnenradien
Hauptreihensterne	0,5 bis 8 Sonnenradien
Weiße Zwerge	im Mittel 0,01 Sonnenradien

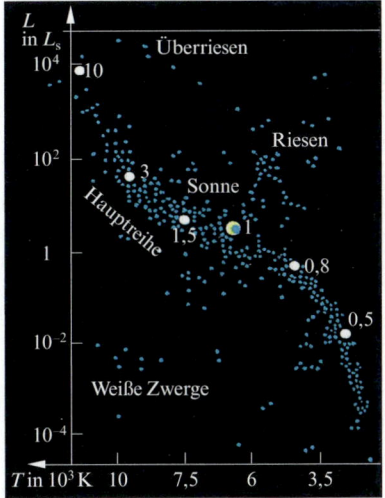

Hertzsprung-Russell-Diagramm. Für einige Sterne der Hauptreihe sind die Massen (in Sonnenmassen) eingetragen.

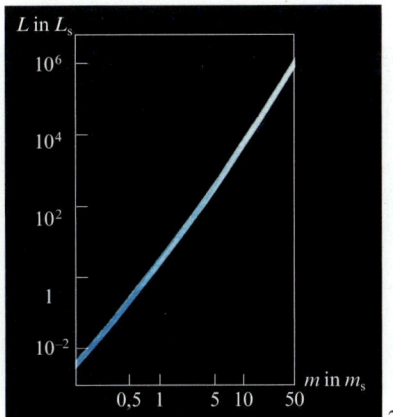

Masse-Leuchtkraft-Beziehung der Hauptreihensterne

Mittlere Dichten der Sterne. Alle Sterne sind Gaskugeln und werden durch die Gravitationskraft ihrer eigenen Masse zusammengehalten. Deshalb ist in ihren Zentralgebieten die Dichte sehr viel höher als in ihren oberflächen-nahen Bereichen. Für die Sonne gilt:

Dichte im Zentrum	160 g·cm^{-3}
Dichte in der Photosphäre	$3 \cdot 10^{-7}$ g·cm^{-3}
mittlere Dichte	$1{,}41$ g·cm^{-3}

Die mittleren Dichten ϱ der Sterne lassen sich aus ihren Massen m und ihren Radien R ermitteln:

$$\varrho = \frac{m}{V} \quad \text{oder} \quad \varrho = \frac{3m}{4\pi R^3}$$

Schreibt man zu jedem Diagrammpunkt eines Sterns im Hertzsprung-Russell-Diagramm die Masse und den Radius, so ergibt sich folgendes Bild: Entlang der Hauptreihe nehmen die Massen und die Radien der Sterne von links oben nach rechts unten ab. Von links unten nach rechts oben wächst der Radius. Demgegenüber steigen die mittleren Dichten der Sterne von rechts oben nach links unten (Bild 1).

> Man kann durch die Auswertung des Spektrums eines Sterns Kenntnis über dessen Temperatur und Leuchtkraft erhalten und, wenn es sich um einen Hauptreihenstern handelt, aus dem Ort des Diagrammpunktes auch Radius, Masse und mittlere Dichte annähernd bestimmen.

Entstehung der Sterne

Interstellare Materie. Sterne entstehen aus interstellarem Gas und Staub (interstellar: lateinisch, zwischen den Sternen befindlich). Diese interstellare Materie erfüllt, lockeren Wolken vergleichbar, viele Bereiche des Weltalls. Ihre Dichte ist außerordentlich gering; in der Umgebung der Sonne beträgt sie etwa 10^{-24} g/cm^3; das entspricht der Masse eines Atoms pro Kubikzentimeter. Die Wolken sind aber zumeist sehr weit ausgedehnt und umfassen deshalb trotz der geringen Dichte große Massen Gas und Staub (Bild 2).

Mittlere Dichten der Sterne (gerundete Werte) in g·cm^{-3}	
Überriesensterne	10^{-7}
Riesensterne	10^{-5} bis 10^{-2}
massereiche Hauptreihensterne	10^{-2}
massearme Hauptreihensterne	1 bis 3
Weiße Zwerge	10^{6}

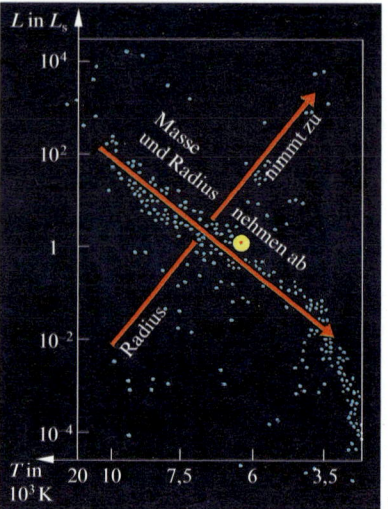

Massen und Radien der Sterne im Hertzsprung-Russell-Diagramm

Interstellare Gas-Staub-Wolke (Adler-Nebel). Sie besteht zu rund 99 % aus Gas (vorwiegend Wasserstoff); 1 % sind mikroskopisch kleine Staubteilchen. Teile dieses Nebels sind im Begriff, sich zu Sternen zu verdichten.

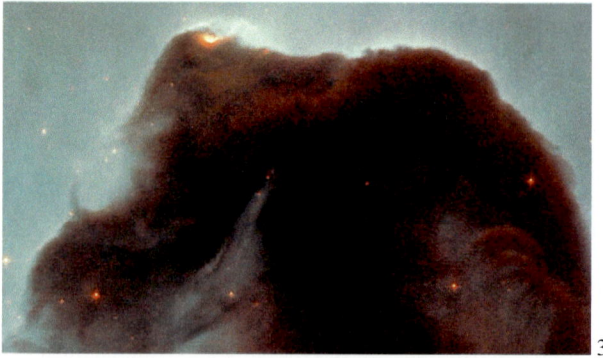

Der Pferdekopf-Nebel im Sternbild Orion. Vor dem hellen Nebel befindet sich eine dichte, undurchsichtige Staubmasse. Sie tritt auf der Aufnahme als Dunkelnebel in Erscheinung.

An vielen Stellen der Himmelskugel ist die interstellare Materie optisch sichtbar, weil die von ihr gebildeten Wolken sehr groß sind. Billiarden Staubteilchen und Zehntausende Billiarden Gasteilchen stehen, von der Erde aus gesehen, hintereinander im Weltraum. Nichtleuchtende Gas- und Staubmassen verändern die Helligkeit und das Spektrum des Lichtes ferner Sterne. Sehr dichte Staubwolken können auch als „Dunkelnebel" (Bild 3, vorhergehende Seite) in Erscheinung treten oder – wenn es in ihrer Nähe einen hinreichend hellen Stern gibt, der sie beleuchtet – als leuchtende Nebel (Reflexionsnebel) sichtbar sein.

In chemischer Hinsicht gliedert sich die interstellare Materie in drei Bestandteile:
– ein Gasgemisch (72% der Masse Wasserstoff, 26% Helium, 2% andere Elemente),
– Moleküle, die als Gase oder in festem Zustand auftreten,
– Minerale sowie Eisenlegierungen.

Die Moleküle und die Minerale haben eine entscheidende Bedeutung für die Entstehung von Sternen und Planeten. Sie sind vorwiegend in relativ dichten und kühlen interstellaren Wolken zu finden. Bisher konnten darin über 90 verschiedene Moleküle nachgewiesen werden, darunter Wasser, Schwefeldioxid, Ethanol und Blausäure.

Der Staub macht nur etwa 1% der interstellaren Materie aus. Zum überwiegenden Teil wird er in den Hüllen kühler, alter Riesensterne gebildet. Er kondensiert dort in dem Gas aus, das von den weit ausgedehnten Atmosphären dieser Sterne abströmt. Neu entstandene Sterne sind häufig von Staubhüllen umgeben, die kein Licht nach außen dringen lassen. Der Staub wird jedoch von dem jungen Stern aufgeheizt und gibt diese Energie in Form von infraroter Strahlung nach außen ab.

Auch die Körper unseres Sonnensystems, die den Stern Sonne umlaufen, sind zu einem beträchtlichen Teil aus interstellarem Staub entstanden.

Entstehung der Sterne. Eine interstellare Molekülwolke oder ein Teil von ihr kann sich, wenn die Masse der Wolke und damit die Gravitationskraft zwischen den Teilchen groß genug ist, zusammenziehen. Bei diesem Vorgang erhöht sich der Druck im Innern der Wolke, gleichzeitig zerfällt sie in kleinere Teilbereiche, die sich immer stärker verdichten. In diesen so genannten **Protosternen** werden nach einigen Millionen Jahren so hohe Temperaturen und Dichten erreicht, dass die Energiefreisetzung durch Kernfusion einsetzt. Die Verdichtung kommt damit zum Stillstand, aus der interstellaren Wolke ist ein selbst strahlender Himmelskörper, ein Stern geworden.

Solche Prozesse finden im Weltall seit Milliarden von Jahren statt. Auch gegenwärtig entstehen auf diese Weise aus interstellarer Materie neue Sterne. Nicht alle interstellaren Wolken können jedoch zu Sternen werden. Zerstreuende Einflüsse, wie z.B. Wärmebewegung, Turbulenz, Fliehkräfte (bei rotierenden Wolken oder Wolkenteilen) oder Magnetfelder sind in der Lage, eine beginnende Verdichtung wieder auseinander zu reißen. Nur wenn die Temperatur nicht zu hoch und die Anfangsmasse groß genug ist, kann die Wolke durch die Gravitationskraft hinreichend stark verdichtet werden. Für die entstehenden Sterne lassen sich entsprechende Punkte in das Hertzsprung-Russell-Diagramm eintragen. Mit zunehmender Verdichtung der Sterne ändern die Punkte ihren Ort im Diagramm (Bild 2). Deshalb ist die Ortsveränderung der Diagrammpunkte ein Ausdruck der Sternentwicklung. Wolken, deren Masse kleiner als 0,08 Sonnenmassen ist, heizen sich in ihren Zentralgebieten nicht genug auf; in ihnen findet keine Kernfusion statt. Solche Objekte kühlen aus, ohne dass aus ihnen Sterne, d.h. selbstleuchtende Himmelskörper, entstehen.

Der Lagunen-Nebel im Sternbild Schütze (Emissionsnebel)

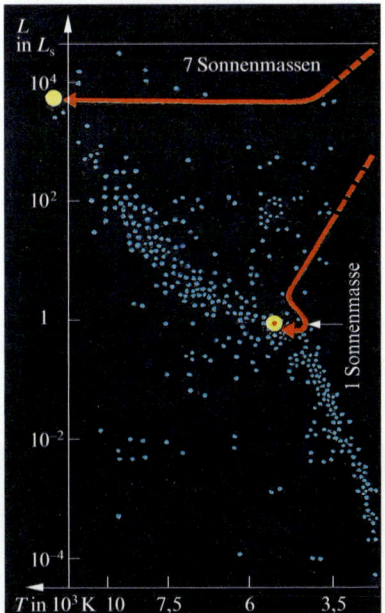

Während der Verdichtung verändert ein entstehender Stern seine Temperatur und seine Leuchtkraft und damit auch den Ort seines Diagrammpunktes im Hertzsprung-Russell-Diagramm relativ schnell.

Entwicklung der Sterne

Hauptreihenstadium. Für einen sehr langen Zeitraum bleibt ein neu entstandener Stern ein Hauptreihenstern. In seinem Zentrum wird ständig Energie durch Kernfusion des Wasserstoffs freigesetzt, deshalb verringert sich dort allmählich der Wasserstoffvorrat und Helium wird immer stärker angereichert. Die freigesetzte Energie wird zur Photosphäre transportiert und von dort in den Weltraum abgestrahlt. Bei massereichen Sternen verläuft wegen der höheren Dichte im Zentrum die Energiefreisetzung und -abstrahlung sehr intensiv, deshalb sind die Leuchtkräfte dieser Sterne sehr hoch und der Wasserstoffvorrat in den Zentralgebieten dieser Sterne wird viel schneller verbraucht als bei massearmen Sternen.

In dieser Phase befindet sich der Stern in einem stabilen Gleichgewichtszustand zwischen Energiefreisetzung und -abstrahlung sowie zwischen der (nach innen wirkenden) Gravitationskraft und den (nach außen gerichteten) Gas- und Strahlungsdruckkräften. Wenn der Wasserstoffvorrat in der Zentralregion des Sterns verbraucht ist, verlagert sich die Kernfusion in eine Kugelschale um diese Zentralregion, die nunmehr weitgehend aus Helium besteht. Ist der Helium-Anteil auf rund 12% der gesamten Sternmasse angestiegen, dann zieht sich dieses Zentralgebiet unter gleichzeitiger Temperaturerhöhung zusammen, die äußeren Schichten des Sterns dehnen sich hingegen aus. Damit vergrößert sich der Sternradius, es entsteht ein Riesenstern. Die Entwicklung eines Sterns vom Hauptreihen- zum Riesenstern hängt also eng mit der Freisetzung von Energie zusammen (Bild 1).

Riesenstadium. Die Temperatur im Zentralgebiet eines Riesensterns beträgt etwa 10^8 K. Das ermöglicht den Ablauf weiterer Kernfusionsprozesse, bei denen sich aus Heliumkernen unter Energiefreisetzung schwerere Atomkerne (z. B. Kohlenstoff- und Sauerstoffkerne) bilden. Daneben verläuft, aber außerhalb des Sternzentrums in einer Kugelschale, die Verschmelzung von Wasserstoffkernen zu Heliumkernen weiter.

Das Riesenstadium eines Sterns dauert, verglichen mit dem Hauptreihenstadium, nur kurze Zeit. Deshalb befinden sich im Hertzsprung-Russell-Diagramm viel weniger Diagrammpunkte auf dem Riesenast als auf der Hauptreihe. In der letzten Phase des Riesenstadiums werden viele Sterne instabil, ihre äußeren Schichten beginnen zu pulsieren. Radius, Leuchtkraft und Photosphärentemperatur ändern sich periodisch; ein Beobachter auf der Erde nimmt bei einem solchen Stern eine zeitlich veränderliche Helligkeit wahr – **veränderlicher Stern.** Die Pulsation kann nach einiger Zeit wieder zur Ruhe kommen. Viele Sterne machen mehrere Pulsationsphasen durch, zwischen denen Zeitabschnitte ohne Pulsation liegen (Bild 2).

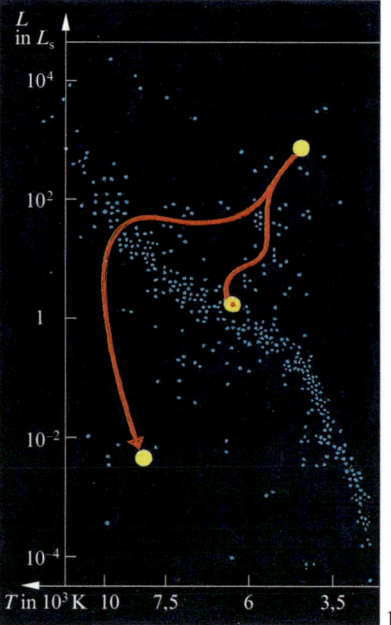

Entwicklung eines Sterns mit einer Sonnenmasse, dargestellt im Hertzsprung-Russell-Diagramm

Die regelmäßigen Schwankungen der scheinbaren Helligkeit eines pulsierenden Sterns werden durch Schwankungen seiner Photosphärentemperatur und seines Radius verursacht.

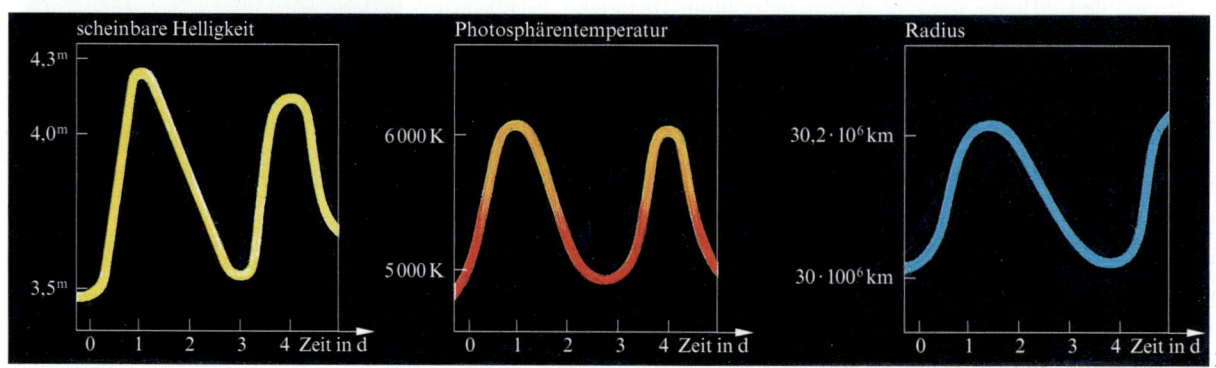

Dauer des Hauptreihenstadiums bei Sternen unterschiedlicher Massen		
Sternmasse	Leuchtkraft	Dauer des Hauptreihenstadiums
1 Sonnenmasse	1 Sonnenleuchtkraft	10^{10} Jahre
10 Sonnenmassen	10^5 Sonnenleuchtkräfte	$8 \cdot 10^6$ Jahre

Riesensterne verlieren wesentliche Teile ihrer äußeren Hüllen dadurch, dass dieses Gas in den Weltraum abströmt. Gleiches geschieht bei Überriesensternen; diese Sterne entwickeln dabei expandierende Schalen aus heißem Gas und Staub, deren Durchmesser mehrere Lichtjahre betragen können. Im Zentrum einer derartigen Schale befindet sich dann das ehemalige Zentralgebiet des Sterns in der Gestalt eines Weißen Zwerges.

Die abgestoßenen Hüllen der Riesen- und Überriesensterne sind z.T. als „Planetarische Nebel" zu beobachten. (Diese Bezeichnung geht auf einen historischen Irrtum zurück. Astronomen des 19. Jahrhunderts hielten diese meist regelmäßig geformten Nebelflecken für entstehende Planeten.)

In manchen Fällen erfolgt die Abgabe von Materie am Ende des Riesenstadiums sehr viel dramatischer. Bei Doppelsternen kann Masse von einem der beiden Sterne auf den anderen überfließen, sodass dieser innerhalb kurzer Zeit hell aufleuchtet; dabei wird Materie abgestoßen. Von der Erde aus ist dann zu beobachten, dass ein vorher ganz unauffälliger Stern innerhalb weniger Stunden sehr hell wird. Ein solcher Stern heißt dann **Nova** (eigentlich Nova Stella; lateinisch: neuer Stern. Diese Bezeichnung beruht ebenfalls auf einem historischen Irrtum. In Wahrheit handelt es sich um alte Sterne, deren Energiefreisetzung sich dem Ende nähert.)

Weiße Zwerge. Sie sind das letzte Stadium in der Entwicklung eines (massearmen) Sterns, besitzen keine Kernfusions-Energievorräte mehr und können sich wegen ihrer sehr hohen Dichte auch nicht weiter zusammenziehen. Weiße Zwerge kühlen langsam aus.

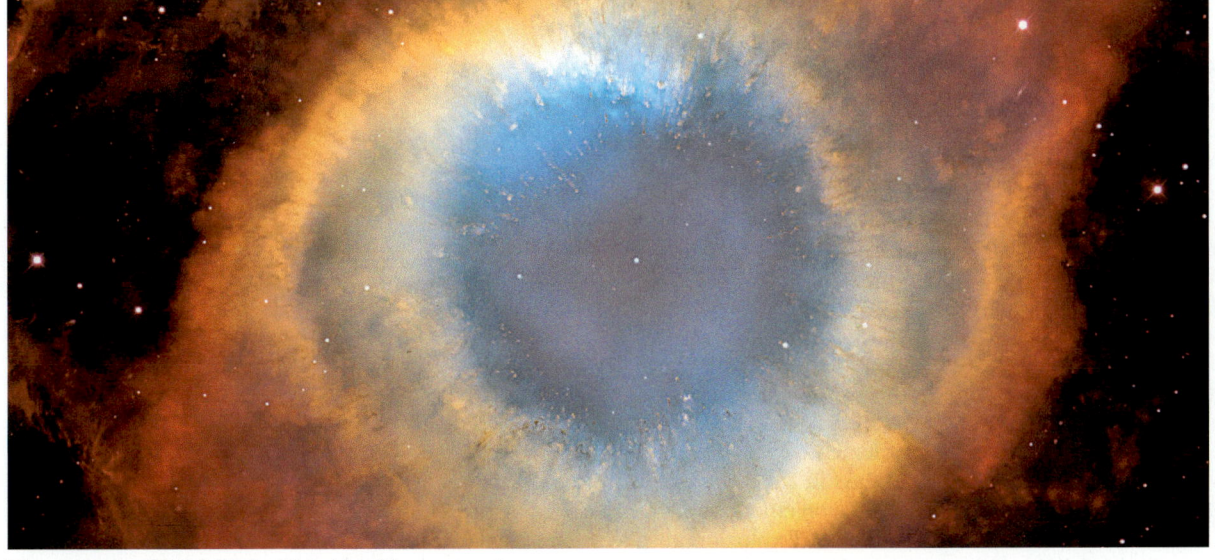

Planetarischer Nebel (Helix-Nebel im Wassermann)

Neutronensterne. Wenn die nach dem Riesenstadium verbleibende Sternmasse noch relativ groß ist, kann auch ein Einzelstern durch eine Explosion zerrissen werden – **Supernova.** Dabei werden in kürzester Zeit Energiebeträge frei, für deren Freisetzung ein normaler Hauptreihenstern einige Millionen Jahre benötigt. Materie strömt mit hoher Geschwindigkeit nach außen und erhitzt das interstellare Gas der Umgebung, sodass intensive Röntgenstrahlung entsteht. Leichte und mittelschwere Atomkerne verschmelzen bei solchen Explosionen und bilden die Kerne schwerer Atome.

1

Aus dem Zentralgebiet eines in einem Supernova-Ausbruch explodierten Sterns kann kein Weißer Zwerg entstehen, da die Masse des Supernova-Überrestes zu groß ist. Vielmehr bildet sich daraus ein **Neutronenstern,** da die Elektronen und die Atomkerne des Reststerns sich in Neutronen umwandeln. Neutronensterne haben Durchmesser um 10 km und extrem hohe Dichten (10^{14} g/cm³ bis 10^{15} g/cm³). In der Regel rotieren Neutronensterne sehr schnell und senden gebündelte Radiostrahlung aus.

Reste eines sterbenden Sterns. Der Supernova-Überrest befindet sich im Bereich der Großen Mangellan'schen Wolke, die ca. 160 000 Lichtjahre von der Erde entfernt ist. Auf dem Bild erkennt man die durch die Explosion ins Universum herausgeschleuderten Plasmawolken.

Schwarze Löcher. Übersteigt die Masse des Supernova-Reststerns eine Grenze, die zwischen 2 und 3 Sonnenmassen liegt, dann wird er durch die Gravitationskraft so sehr zusammengepresst, dass seine Dichte über jedes Maß hinaus anwächst. Solche Reststerne heißen Schwarze Löcher.

Der Kreislauf der Materie im Kosmos. Sternentwicklung hat immer mit der Veränderung der chemischen Zusammensetzung der Sterne zu tun. Viele Sterne sind darüber hinaus an einem Kreislauf der Materie beteiligt: Sterne großer Massen (über 3 Sonnenmassen) entwickeln sich vergleichsweise schnell und stoßen nach kurzer Zeit einen großen Teil ihrer Masse – und damit auch neu aufgebaute chemische Elemente; neben Helium u. a. Kohlenstoff – in den Weltraum ab. Aus dieser in den interstellaren Raum zurückgeführten Materie können sich dann neue Sterne bilden, die von Anfang an einen höheren Anteil schwerer Elemente enthalten als ihre Vorgänger. Voraussetzung dafür ist jedoch, dass in einer Molekülwolke eine Verdichtung entsteht – z. B. durch die Explosion einer nahen Supernova. Die Stoßwelle dieser Supernova und das bei der Explosion ausgeworfene Gas drücken die Molekülwolke so stark zusammen, dass deren dichteste Bereiche anschließend von selbst weiter kontrahieren können. Supernovae sind also für den Kreislauf der Materie im Kosmos notwendig.

Sterne mit weniger als einer Sonnenmasse entwickeln sich dagegen so langsam, dass auch die ältesten von ihnen das Hauptreihenstadium noch nicht verlassen haben. Das in ihnen konzentrierte Gas wird also in absehbarer Zeit nicht am Kreislauf der Materie im Weltall teilnehmen können.

Die Entstehung und Entwicklung des Sonnensystems. Nach heutiger Kenntnis bildeten sich die Sonne, die Planeten und die anderen Körper des Sonnensystems vor etwa $4{,}6 \cdot 10^9$ Jahren aus einer rotierenden, abgeplatteten Nebelmasse. Im Innenbereich, nahe der entstehenden Sonne, wurde diese Wolke stärker aufgeheizt als in den Außenregionen. Später kondensierten schwer flüchtige Elemente und Verbindungen (z. B. Eisen, Silicate) im Innenbereich in Form von Tropfen und Körnern. Leicht flüchtige Verbindungen blieben nur in größerem Sonnenabstand in flüssigem und festem Zustand erhalten.

Bei Zusammenstößen solcher Kondensate verschmolzen kleinere Teilchen zu immer größeren Gebilden, die schließlich die Größe von Planeten erreichten. Wahrscheinlich hatten die sonnennahen Planeten zunächst viel größere Massen als gegenwärtig. Ihr gasförmiger Anteil wurde jedoch von der Teilchenstrahlung der Sonne weggeblasen, weil die festen Kerne dieser Körper zu geringe Massen hatten, um die ausgedehnten Atmosphären durch die Gravitationskraft an sich zu binden. In größeren Entfernungen von der Sonne blieben dagegen die Massen und die chemische Zusammensetzung der Planeten nahezu unverändert. Der weitaus überwiegende Teil dieser Materie (besonders bei Jupiter und Saturn) wird aus Sonnennebelgas gebildet.

Nach ihrer Entstehung heizten sich alle Planeten durch die Verdichtung und infolge der Energiefreisetzung beim Zerfall radioaktiver Stoffe in ihrem Inneren stark auf. Dabei schmolzen die erdartigen Planeten teilweise und erstarrten danach wieder. Beim Erstarren bildeten sich an den Oberflächen die **Gesteinskrusten.** Der Aufprall fester Körper bewirkte unzählige **Einschlagkrater.** Sie sind beim Mond sowie bei Merkur und Mars noch heute gut erhalten; auf der Erde wurden sie durch geologische Prozesse und durch den Einfluss der Atmosphäre und des Wassers zerstört. Beim Aufschmelzen der Planeten wurden Gase frei. Sie bildeten die Uratmosphären der erdartigen Planeten. Bei der Erde hat die **Uratmosphäre** vermutlich zu 70 % aus Wasserdampf und zu etwa 15 % aus Kohlenstoffdioxid bestanden. Ein großer Teil dieses Kohlenstoffdioxids wurde im Wasser und in Gesteinen gebunden. Die später entstehenden Lebewesen veränderten die Erdatmosphäre vor allem durch die Fotosynthese.

Planetensysteme anderer Sterne. Auch andere Sterne werden von Planeten umlaufen. Der erste sichere Nachweis eines Planeten bei einem anderen Stern gelang im Jahre 1995. Bereits sechs Jahre später waren mehr als 70 ferne Planetensysteme bekannt.

Da Planeten kein eigenes Licht aussenden und von ihren Zentralsternen überstrahlt werden, ist eine direkte Beobachtung von Planeten bei anderen Sternen nicht möglich. Der Nachweis geschieht deshalb mit indirekten Methoden. Eine dieser Methoden ist das so genannte Radialgeschwindigkeitsverfahren. Da Stern und Planet ein gemeinsames Massenzentrum umlaufen, bewegt sich der Stern zeitweilig ein wenig auf uns zu, dann wieder von uns weg. Dabei ändern sich die Wellenlängen der Absorptionslinien in seinem Spektrum. Man untersucht deshalb das Spektrum auf solche periodische Veränderungen.

Übrigens

Die Sonne ist vermutlich ein Stern der 3. Generation, d. h., die in ihr konzentrierte Materie (und auch die Materie, aus der die übrigen Körper des Sonnensystems bestehen) hat bereits zweimal als Stern existiert.

Teleskope

Beobachtung. Die wichtigste Forschungsmethode der Astronomie ist die Beobachtung der Strahlung, die von den Beobachtungsobjekten (Planeten, Sternen, Sternsystemen usw.) ausgeht oder reflektiert wird. Aber die astronomische Forschung besteht nicht aus Beobachtung allein. Mithilfe theoretischer Überlegungen erklärt der Astronom die beobachteten Erscheinungen und plant weitere Beobachtungen.

Im Gegensatz zu anderen Naturwissenschaften, wie z. B. der Physik, spielt in der Astronomie das **Experiment** als Forschungsmethode kaum eine Rolle. (Beim Experimentieren kann der Wissenschaftler die Bedingungen selbst bestimmen, unter denen der Gegenstand untersucht werden soll; er kann Temperatur, Druck, Stromstärke, usw. selbst vorgeben. Das ist in der Astronomie fast nie möglich.) Ausnahmen bilden die Untersuchung von Mond- und Meteoritengestein sowie einige raumfahrttechnische Experimente.

Wichtigste Träger der Information sind in der Astronomie das Licht und andere, unsichtbare elektromagnetische Strahlung, insbesondere Radiowellen, Infrarotstrahlung und Röntgenwellen. Es werden auch Teilchenstrahlungen beobachtet, um daraus weitere Informationen zu gewinnen. Nicht alle Strahlungsarten gelangen bis zur Erdoberfläche. Abgesehen davon, dass bei bewölktem Himmel fast gar keine astronomische Beobachtung möglich ist (nur Radiowellen durchdringen auch dicke Wolkenschichten), verändert die Erdatmosphäre auch bei klarem Himmel die ankommende Strahlung erheblich. 42 % dieser Strahlung werden an der äußeren Atmosphäre reflektiert und die zur Erde gelangende Strahlung wird beim Durchgang durch die einzelnen Atmosphärenschichten unterschiedlich geschwächt. Ultraviolette Strahlung wird durch die Ozonschicht der Stratosphäre, infrarote durch den Wasserdampf und das Kohlenstoffdioxid der Troposphäre absorbiert.

Schon gewusst?

Mit dem bloßen Auge sind in Mitteleuropa in einer klaren und mondlosen Nacht gleichzeitig etwa 1 500 Sterne sichtbar. Ein Schulfernrohr zeigt unter gleichen Bedingungen bereits mehr als 80 000 Sterne. Mit großen Fernrohren (Teleskopen) kann man viele Millionen Sterne beobachten.

1 Hubble-Space-Telescope

Eine vollständige Erfassung aller Strahlungsarten ist daher nur von Beobachtungsstationen außerhalb der Erdatmosphäre aus möglich (Erdsatelliten, Raumstationen). Seit dem Jahre 1990 befindet sich das nach dem Astronomen EDWIN P. HUBBLE benannte Weltraumteleskop in einer 600 km hohen Umlaufbahn um die Erde (Bild 1, vorhergehende Seite). Sein Hauptspiegel besitzt einen Durchmesser von 2,4 m. Das Weltraumteleskop wird von der Erde aus ferngesteuert.

Beobachtungsinstrumente. Die astronomischen Beobachtungsinstrumente sammeln die ankommende Strahlung und leiten sie dem Strahlungsempfänger (Auge, fotografische Schicht, lichtempfindliche Halbleiterschicht) zu.

In den meisten astronomischen Fernrohren wird von dem jeweiligen Beobachtungsobjekt zunächst ein Zwischenbild erzeugt. Das geschieht entweder durch Linsensysteme (**Linsenfernrohr**) oder durch einen Hohlspiegel (**Spiegelteleskop**). Alle modernen Großteleskope sind Spiegelteleskope. Je größer ihr Spiegeldurchmesser ist, desto mehr Licht können sie sammeln und desto lichtschwächere Objekte lassen sich mit ihnen beobachten. Das derzeit (2004) größte astronomische Teleskop weist einen Spiegeldurchmesser von 10,4 m auf. Es befindet sich auf der Insel La Palma.

Durch die Vereinigung mehrerer Teleskope mit gemeinsamem Brennpunkt zu einem optischen System lässt sich die Abbildungsqualität wesentlich verbessern. Auf dem Cerro Paranal in Chile (Bild 2) befinden sich vier Teleskope mit je 8,2 m Spiegeldurchmesser, die zusammengeschaltet ein System mit der Leistungsfähigkeit eines Teleskops von 16 m Durchmesser ergeben.

Neben den optischen Teleskopen, die das sichtbare Licht beobachten, sind Instrumente zur Beobachtung der unsichtbaren Strahlungen (Radiowellen, Infrarot-, Ultraviolett- und Röntgenstrahlung) von Bedeutung. **Radioteleskope** ähneln gigantischen Satellitenantennen. Eines der größten voll beweglichen Radioteleskope (Reflektordurchmesser: 100 m) befindet sich bei Effelsberg in der Eifel (Bild 1). Das größte Radioteleskop der Erde ist unbeweglich, es wurde in eine natürliche Bodensenke in Puerto Rico eingebaut. Sein Reflektor hat einen Durchmesser von 305 m.

Übrigens

Bei vielen modernen Teleskopen wird die Wirkung der Luftunruhe durch die so genannte adaptive Optik beseitigt. Dabei verändern hunderte beweglicher Kolben auf der Rückseite eines Spiegels dessen Oberflächenform im Rhythmus der Luftunruhe (bis zu 500-mal in der Sekunde) derart, dass die durch die Luftunruhe bewirkten Störungen aufgehoben werden.

Radioteleskop des Max-Planck-Instituts für Radioastronomie bei Effelsberg (Eifel)

Very Large Telescope auf dem Cerro Paranal in Chile – Europäische Südsternwarte (ESO)

Beobachtung der Sterne

An jedem klaren Abend kann man mit einsetzender Dunkelheit beobachten, dass zuerst die hellsten Sterne sichtbar werden. Je dunkler der Himmel wird, desto mehr Sterne sind zu sehen. Am besten beobachtest du von einem Standort aus, an dem du einen weitgehend freien Überblick über den Himmel hast!

AUFTRAG 1

Beobachte mit dem bloßen Auge den Himmel in der Abenddämmerung und zähle alle 30 Minuten die Sterne! Beginne eine halbe Stunde nach Sonnenuntergang und trage das Ergebnis in eine Tabelle ein:

Zeit nach Sonnenuntergang	Anzahl der sichtbaren Sterne
0h30min	
1h00min	
1h30min	
2h00min	

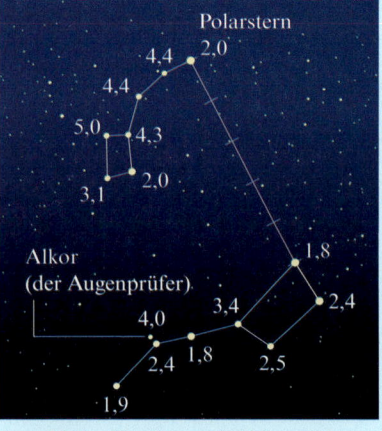

Sternbilder Großer und Kleiner Bär mit scheinbaren Helligkeiten (in Größenklassen)

Oft ist der Nachthimmel nicht vollständig dunkel. Der Mond oder künstliche Lichtquellen in der Umgebung hellen ihn manchmal so stark auf, dass Sterne der 4. oder 5. Größenklasse schon nicht mehr zu erkennen sind. Man ermittelt die so genannte Grenzgröße, indem man feststellt, welche der in der Sternkarte enthaltenen Sterne gerade noch sichtbar sind und welche nicht mehr beobachtet werden können. (Die Zahlen sind die scheinbaren Helligkeiten der betreffenden Sterne, gemessen in Größenklassen.)

AUFTRAG 2

1. Beobachte in einer mondlosen Nacht die Sternbilder Großer und Kleiner Bär und ermittle die jeweilige Grenzgröße!
2. Wiederhole diese Beobachtung in einer mondhellen Nacht!

AUFTRAG 4

1. Beobachte mit dem bloßen Auge und mit dem Fernrohr einen Doppelstern (z. B. Mizar im Großen Bären)! Sind die beiden Sterne unterschiedlich hell? Weisen sie unterschiedliche Farben auf?
2. Beobachte mit dem bloßen Auge und mit dem Fernrohr einen Sternhaufen (z. B. die Plejaden im Stier)! Wie viele Sterne dieses Sternhaufens kann man mit dem bloßen Auge erkennen? Beobachte mit dem bloßen Auge und mit dem Fernrohr einen interstellaren Nebel (z. B. den Orionnebel)!

Nur bei den hellsten Sternen können wir mit dem bloßen Auge eine Färbung erkennen. Am leichtesten sind Farbunterschiede durch den Vergleich zweier Sterne wahrzunehmen. Der Farbeindruck wird intensiver, wenn wir die Sterne durch ein Fernglas oder Fernrohr beobachten.

AUFTRAG 3

1. Vergleiche die nachstehend genannten Sterne hinsichtlich ihrer Farben miteinander und ordne sie in eine Skala von weiß über gelblich bis rötlich ein!
   - a) im Herbst: Wega (Leier) und Arktur (Bootes)
      Capella (Fuhrmann) und Aldebaran (Stier)
   - b) im Winter: Rigel (Orion) und Beteigeuze (Orion)
      Sirius (Großer Hund) und Beteigeuze (Orion)
   - c) im Frühling: Regulus (Löwe) und Arktur (Bootes)
      Spica (Jungfrau) und Arktur (Bootes)
2. Farbbeobachtungen sollten nur durchgeführt werden, wenn sich die betreffenden Sterne mindestens in einer Höhe von 20° über dem Horizont befinden. Wodurch werden die Farben tiefer stehender Sterne verfälscht?

Plejaden

Die Erforschung der Sterne

Sterne als Gaskugeln. In den ersten Jahrzehnten des 20. Jahrhunderts erlebte die theoretische Astrophysik einen bedeutenden Aufschwung. Zwischen 1905 und 1913 fanden EJNAR HERTZSPRUNG und HENRY NORRIS RUSSELL den Zusammenhang zwischen den Photosphärentemperaturen und den Leuchtkräften der Sterne. Dem britischen Astrophysiker ARTHUR STANLEY EDDINGTON gelang es 1926, eine bis heute gültige Theorie des Sternaufbaus zu erarbeiten. Aber erst in der 2. Hälfte des 20. Jahrhunderts wurde erkannt, wie Sterne entstehen und wie sie sich entwickeln.

Eine wesentliche Grundlage dafür waren die Entdeckung ALBERT EINSTEINS aus dem Jahre 1905, dass Masse und Energie äquivalent sind ($E = m \cdot c^2$) und die Entdeckung der Kernfusion als Energiequelle der Sonne und der anderen Sterne (1938). Mit dem Einsatz neuer Rechentechnik wurde es um die Mitte des 20. Jahrhunderts möglich, den Lebensweg von Sternen mathematisch zu modellieren und dadurch nachzuweisen, dass sich Hauptreihensterne zu Riesensternen entwickeln. Das Hertzsprung-Russell-Diagramm wurde so zum Entwicklungsdiagramm der Sterne.

Nichtoptische Astronomie. Nach dem 2. Weltkrieg entstand die Radioastronomie. Zwar hatte KARL GUTHE JANSKY in den USA bereits 1932 Radiostrahlung aus dem Kosmos nachgewiesen, aber wirkliche Bedeutung erlangte dieser Zweig der Astronomie erst, als der Bau großer Richtantennen und empfindlicher Verstärker möglich wurde. Die für militärische Zwecke entwickelte Radartechnik erwies sich nun als Grundlage für die friedliche, wissenschaftliche Nutzung. 1951 wurde die Radiostrahlung des interstellaren Wasserstoffs erstmalig nachgewiesen.

Mit dem Start des ersten künstlichen Erdsatelliten (Sputnik 1, Sowjetunion, 1957) begann die Entwicklung der Raumfahrt. Damit eröffneten sich neue Möglichkeiten, Beobachtungsinstrumente außerhalb der Erdatmosphäre zu stationieren und auch solche Strahlungsarten zu untersuchen, die die Erdatmosphäre nicht durchdringen können.

Dazu gehört vor allem die energiereiche elektromagnetische Strahlung (Röntgen- und Gammastrahlung), für die besondere Nachweisgeräte entwickelt werden mussten. Auch die ultraviolette Strahlung der Sterne wird von der Erdatmosphäre fast völlig verschluckt und muss von Erdsatelliten aus beobachtet werden.

Der in der Luft vorhandene Wasserdampf lässt infrarote Strahlung, wie sie z. B. die Staubhüllen entstehender Sterne aussenden, nur unvollständig und in schmalen Wellenlängenbereichen hindurch. Deshalb kann diese Strahlung nur von sehr hoch gelegenen Sternwarten aus beobachtet werden. Die Infrarot-Astronomie entwickelte sich im letzten Drittel des 20. Jahrhunderts.

EJNAR HERTZSPRUNG   1

HENRY NORRIS RUSSELL   2

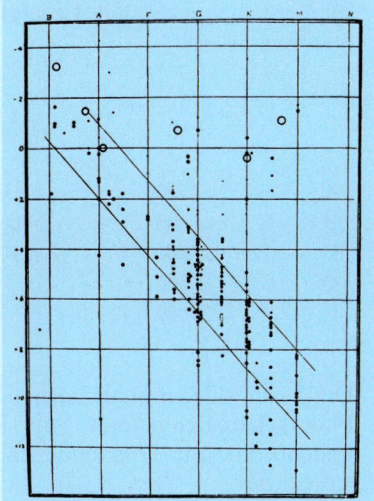
4

Die erste Darstellung des Hertzsprung-Russell-Diagramms

3 Der erste künstliche Erdsatellit

AUFGABEN

1. Wie lange benötigt das Licht, um eine Strecke von 1 pc (4,3 pc; 15 pc) zurückzulegen?

2. Berechne die Entfernungen der folgenden Sterne in pc und in Lj!

Stern	Sternbild	Parallaxe
Atair	Adler	0,20"
Sirius	Großer Hund	0,375"
Mizar	Großer Bär	0,04"

3. Mit Raketenantrieben heutiger Bauart kann ein Raumschiff eine Geschwindigkeit von rund 1/20 000 der Lichtgeschwindigkeit erreichen.
   Beurteile die realen Möglichkeiten eines „Fluges zu den Sternen"!

4. In welcher scheinbaren Helligkeit wäre die Sonne zu sehen, wenn sie sich in 10 pc Entfernung von der Erde befände?

5. Was ist über die scheinbare und die absolute Helligkeit eines Sterns zu sagen, der von der Erde genau 10 pc entfernt ist?

6. Berechne die Entfernung des Sterns Wega im Sternbild Leier! Von diesem Stern sind bekannt: $M = 0,6^m$, $m = 0,03^m$.

7. Ein Hauptreihenstern und ein Riesenstern haben jeweils die 100fache Leuchtkraft der Sonne.
   Wie groß sind ungefähr ihre Photosphärentemperaturen?
   Warum können diese Temperaturen nicht gleich sein?

8. Welche der folgenden Kombinationen von Photosphärentemperatur und Leuchtkraft sind in der Natur realisiert?

	T in K	L in Sonnenleuchtkräften
A	3 500	0,01
B	5 000	10 000
C	7 500	10
D	15 000	0,01
E	20 000	1

9. Der Stern Aldebaran im Sternbild Stier besitzt eine Photosphärentemperatur von 3 600 K und eine Leuchtkraft vom Dreihundertfachen der Sonnenleuchtkraft.
   Zeichne seinen Diagrammpunkt in ein Hertzsprung-Russell-Diagramm ein und finde heraus, zu welchem Besetzungsgebiet er gehört!

10. Zeichne ein Hertzsprung-Russell-Diagramm und trage die in der folgenden Tabelle aufgeführten Sterne in dieses ein:

Stern	T in K	L in Sonnenleuchtkräften
Aldebaran	3 600	300
Arktur	4 000	200
Atair	8 000	10
Beteigeuze	2 800	28 000
Deneb	9 500	9 400
Kastor	10 400	41
Pollux	4 000	35
Regulus	12 000	135
Sirius A	10 400	24
Spica	20 000	800
Wega	9 900	50

Vergleiche die Radien, Massen und mittleren Dichten dieser Sterne mit den entsprechenden Größen für die Sonne!

11. Beschreibe die Entstehung eines Sterns!

12. Erkläre, warum ein Weißer Zwerg eine höhere Photosphärentemperatur als ein Hauptreihenstern gleicher Leuchtkraft hat!

13. Erkläre, warum ein Doppelstern nicht stabil wäre, wenn beide Sterne keine Umlaufbewegung ausführen würden!

14. Wie groß ist die Massensumme $m = m_1 + m_2$ zweier zu einem Doppelstern vereinigter Sterne, für die bekannt ist: $T = 1,7$ Jahre; $r = 1,8 \cdot 10^8$ km?

15. Weshalb läuft in den Sternen die Kernfusion nur bei sehr hohen Temperaturen ab?

16. Während die Verschmelzung von Wasserstoffkernen zu Heliumkernen bei einer Temperatur von 10^7 K abläuft, setzt die Fusion von Heliumkernen zu schweren Atomkernen eine etwa zehnmal höhere Temperatur voraus.
   Begründe diese Aussage!

17. Warum können die Energie liefernden Prozesse im Inneren der Sterne nicht unbegrenzt lange ablaufen?

18. Vergleiche den Radius eines Weißen Zwerges und den eines Neutronensterns mit dem Radius der Sonne und dem der Erde!

19. Beschreibe die Entwicklungsphasen eines Sterns!

20. Charakterisiere den heutigen Entwicklungsstand der Sonne und ihre voraussichtliche weitere Entwicklung mithilfe des Hertzsprung-Russell-Diagramms!

21. Beschreibe den heutigen Kenntnisstand über die Entstehung des Sonnensystems!

ZUSAMMENFASSUNG

Sterne	selbstleuchtende Gaskugeln großer Masse und hoher Temperatur; als Lichtpunkte unterschiedlicher scheinbarer Helligkeiten beobachtbar
Fixsternparallaxe	halber Winkel zwischen den Blickrichtungen von zwei gegenüberliegenden Punkten der Erdbahn zum Stern
scheinbare Helligkeit eines Sterns	gibt an, wie intensiv die vom Stern zum Beobachter gelangende Strahlung ist
absolute Helligkeit eines Sterns	entspricht der Leuchtkraft des Sterns
Entfernung eines Sterns	bestimmbar – aus der Parallaxe, – aus absoluter und scheinbarer Helligkeit
Leuchtkraft eines Sterns	Strahlungsleistung des Sterns; bestimmbar aus dem Sternspektrum
Photosphärentemperatur eines Sterns	bestimmbar aus dem Sternspektrum
Spektralklassen der Sterne	Einteilung der Sternspektren nach der Photosphärentemperatur
Hertzsprung-Russell-Diagramm	grafische Darstellung des Zusammenhangs zwischen Photosphärentemperatur und Leuchtkraft der Sterne
Doppelstern	Sternpaar, dessen beide Sterne einen gemeinsamen Schwerpunkt umlaufen und durch die Gravitationskraft aneinander gebunden sind
Bedeckungsveränderlicher	Doppelstern, dessen beide Sterne sich (von der Erde aus gesehen) gegenseitig periodisch bedecken
Radius eines Sterns	genähert bestimmbar aus der Lage seines Diagrammpunktes im Hertzsprung-Russell-Diagramm; genau bestimmbar bei Bedeckungsveränderlichen aus der Helligkeit-Zeit-Kurve
Masse eines Sterns	bei Doppelsternen bestimmbar aus der Bewegung, bei Hauptreihensternen aus dem Hertzsprung-Russell-Diagramm
Entstehung eines Sterns	durch Kontraktion einer interstellaren Gas-Staub-Wolke infolge der Gravitationskraft
Entwicklung eines Sterns	vom Hauptreihenstadium über das Riesenstadium zum Spätstadium (die meisten Sterne werden zu Weißen Zwergen)
Entstehung der Planeten	im Sonnennebel durch Verschmelzung gasförmiger, flüssiger und fester Bestandteile

Dem Amerikaner EDWIN POWELL HUBBLE gelang im Jahre 1929 eine der aufregendsten astronomischen Entdeckungen des 20. Jahrhunderts: Alle Sternsysteme im Weltall entfernen sich von einander. Das ist eine Folge der unaufhaltsamen Ausdehnung des Kosmos. Ist der ganze Kosmos einst explodiert? Dehnt sich das Weltall immer noch aus?

Das Milchstraßensystem

In klaren, mondlosen Nächten, die nicht durch irdische Lichtquellen erhellt werden, kann man ein lichtschwaches, breites, schimmerndes Band mit unregelmäßigen Begrenzungen am Himmel sehen. Es ist die Milchstraße, der Innenanblick des Milchstraßensystems. Das Licht vieler ferner Sterne verschwimmt in ihr zu einem einzigen Lichteindruck.

Schon mit kleinen Fernrohren lässt sich erkennen, dass die Milchstraße aus einer großen Anzahl von einzelnen Sternen besteht. Da sich das Sonnensystem (und damit auch unsere Beobachtungsbasis, die Erde) im Inneren des Milchstraßensystems befindet, ist es sehr schwierig, die Struktur und die Abmessungen des Milchstraßensystems zu ermitteln.

Die Sterne sind im Weltall in großen Ansammlungen vereinigt, die als Sternsysteme (Galaxien) bezeichnet werden. Auch unsere Sonne gehört zu einem Sternsystem, das insgesamt etwa $2 \cdot 10^{11}$ Sterne sowie interstellare Materie (etwa 2% der Gesamtmasse) umfasst. Dieses Sternsystem ist das **Milchstraßensystem – die Galaxis** (Bild 2).

Blick auf die Milchstraße über dem La-Silla-Observatorium der Europäischen Südsternwarte (ESO) in Chile

Sternhaufen. Im Milchstraßensystem – wie auch in vielen anderen Sternsystemen – sind die Sterne extrem vereinzelt, zwischen ihnen befinden sich weite, sternleere Räume. An manchen Stellen des Milchstraßensystems befinden sich jedoch Anhäufungen von Sternen. Man unterscheidet offene und kugelförmige Sternhaufen.

Offene Sternhaufen umfassen jeweils einige Hundert relativ junge Sterne (Bild 1). Diese Sterne stehen 10- bis 100-mal dichter beieinander als in der Umgebung der Sonne. Trotzdem ist bei vielen dieser Haufen die durch die Gravitationskraft bewirkte Bindung der Sterne aneinander nur gering. Offene Sternhaufen lösen sich daher im Laufe der Zeit allmählich auf.

Kugelförmige Sternhaufen sind sehr dicht und sternreich und bestehen aus sehr alten Sternen (Bild 2). Sie werden durch die Gravitationskraft zusammengehalten. In ihren Zentralgebieten stehen die Sterne bis zu 10 000-mal dichter beieinander als in der Sonnenumgebung. Die ältesten Sterne in diesen Sternhaufen entstanden vor etwa 13 Milliarden Jahren.

Offener Sternhaufen in der Großen Magellan'schen Wolke 1

Kugelförmiger Sternhaufen. In seinem Zentrum stehen die Sterne extrem dicht beieinander. 2

Als **Sternassoziationen** bezeichnet man lockere Gruppen von einigen hundert sehr jungen Sternen, die so weiträumig verteilt sind, dass man sie meist nicht als Sternhaufen am Himmel wahrnehmen kann. Ihre Zusammengehörigkeit ergibt sich jedoch aus ihren Spektren (die weitgehend übereinstimmen) und aus ihrer gemeinsamen Bewegung im Raum. Auch Sternassoziationen lösen sich infolge der geringen gravitativen Bindung allmählich auf.

Struktur des Milchstraßensystems. Das Milchstraßensystem gliedert sich in vier Bestandteile: Zentralgebiet, Scheibe, Halo und Korona (Bilder 1 und 2 auf der folgenden Seite).

Das **Zentralgebiet** ist hinter dichten Staubwolken verborgen und deshalb im sichtbaren Licht unbeobachtbar; lediglich infrarote Strahlung und Radiowellen sind in der Lage, von dort bis zur Erde zu gelangen. Eine dichte Ansammlung von Sternen, Gas und Staub umkreist das eigentliche Zentrum des Milchstraßensystems, in dem sich ein Schwarzes Loch von mehreren Millionen Sonnenmassen befindet, das ständig Materie aus seiner Umgebung in sich einsaugt. Gäbe es die Staubwolken, die den Blick zum Zentralgebiet verwehren, nicht, so würden wir das Zentrum der Galaxis als rötliche Wolke mit einem Durchmesser von etwa 25° zwischen den Sternbildern Schütze und Schlangenträger sehen. Dieses Objekt wäre nach Sonne und Mond das hellste Gebilde am sommerlichen Nachthimmel.

Übrigens

Viele Sterne des Sternbildes Orion gehören einer Sternassoziation an.

Die meisten Sterne des Milchstraßensystems sind in Form einer flachen **Scheibe** angeordnet, in deren Mitte sich das Zentralgebiet befindet. Innerhalb dieser Scheibe sind die jüngsten, heißesten Sterne sowie die interstellare Materie in Gestalt von Spiralarmen konzentriert. Der Raum zwischen den Spiralarmen wird von einer Vielzahl von Sternen mit mittleren und geringen Leuchtkräften ausgefüllt. Die Sonne befindet sich am Innenrand eines Spiralarms.

Die Scheibe des Milchstraßensystems hat in der Nähe des Zentrums eine Dicke von etwa 5 000 pc, ihr Durchmesser beträgt rund 30 000 pc.

Blick auf Scheibe und Zentralgebiet des Milchstraßensystems (schematisch)

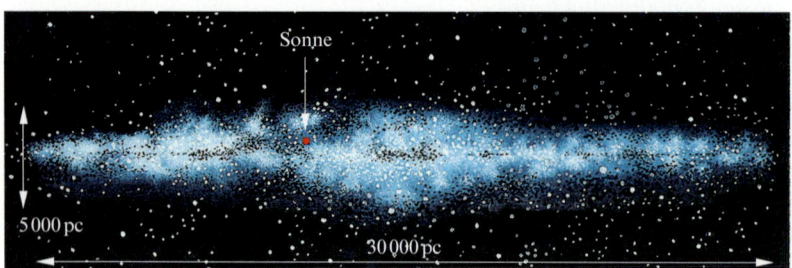

Schematischer Schnitt durch die Scheibe und das Zentralgebiet des Milchstraßensystems. Die Sonne befindet sich etwa 8 000 pc vom Zentrum entfernt. Zwischen dem Zentrum und der Sonne liegen dichte, undurchsichtige Staubwolken. Um die Scheibe herum schweben die Kugelsternhaufen des Halos.
Sie sind hier als Punkte dargestellt.

Zentralgebiet und Scheibe werden vom **Halo** (griechisch: Hof, Umgebung) umschlossen. Er besteht aus kugelförmigen Sternhaufen und alten Einzelsternen und hat die Gestalt einer leicht abgeplatteten Kugel. Sein Durchmesser beträgt etwa 50 000 pc. Die Objekte im Halo bewegen sich auf lang gestreckten Ellipsenbahnen um das Zentralgebiet des Milchstraßensystems.

Zentralgebiet, Scheibe und Halo sind in eine sehr ausgedehnte unsichtbare Hülle, die **Korona,** eingelagert, deren Durchmesser mindestens 160 000 pc betragen dürfte. Die Materie dieser Korona weist nur eine geringe Dichte auf; trotzdem enthält die Korona – wegen ihres großen Volumens – insgesamt eine sehr große Masse. Es wird vermutet, dass diese unsichtbare Masse zehnmal größer ist als die gesamte Masse aller sichtbaren Bestandteile des Milchstraßensystems. Ihre Zusammensetzung ist noch unbekannt; möglicherweise wird sie aus ausgebrannten Sternen, planetenähnlichen Körpern und Elementarteilchen gebildet.

Bewegungen im Milchstraßensystem. Das Milchstraßensystem rotiert um eine senkrecht zur Scheibenebene orientierte Drehachse. Dabei müssen drei Bereiche unterschieden werden: Das Zentralgebiet rotiert wie ein starrer Körper. Dann folgt bis etwa 25 000 pc Zentrumsentfernung ein Bereich, in dem das 3. Kepler'sche Gesetz gilt, d. h., die Geschwindigkeit nimmt nach außen hin allmählich ab. Weiter außen bleibt die Bahngeschwindigkeit konstant. Das deutet auf die große Masse der unsichtbaren Korona hin.

Die Rotation des Milchstraßensystems lässt sich als Überlagerung vieler Einzelbewegungen verstehen. Die Sterne und Sternhaufen umlaufen das Zentrum. Für die Sonne beträgt die Umlaufgeschwindigkeit etwa $220 \text{ km} \cdot \text{s}^{-1}$ und die Umlaufzeit etwa $2{,}4 \cdot 10^8$ Jahre. Den Bewegungen um das Zentrum des Milchstraßensystems sind die zufälligen Bewegungen der Sterne und der interstellaren Wolken überlagert, deren Beträge und Richtungen sehr stark streuen.

Ferne Sternsysteme

Sternsysteme außerhalb des Milchstraßensystems (der Galaxis) werden als **außergalaktische Sternsysteme** (Galaxien) bezeichnet. Im Gegensatz zum Milchstraßensystem, das nur zu Teilen und nur von einem Beobachtungsort in seinem Inneren erforscht werden kann, sind die außergalaktischen Sternsysteme von außen und jeweils als Ganzes beobachtbar.

Die vom Milchstraßensystem bekannte Einteilung in Zentralgebiet, Scheibe und Halo ist bei sehr vielen außergalaktischen Sternsystemen ebenfalls erkennbar, aber nicht in jedem Falle sind alle drei Bestandteile vorhanden. Wahrscheinlich sind alle Sternsysteme, wie das Milchstraßensystem, in eine unsichtbare, massereiche Korona eingebettet. Diese dunkle Materie wirkt nur durch ihre Gravitationskraft; dadurch kann ihr Massenanteil berechnet werden. So rotieren spiralförmige Sternsysteme, wie das Milchstraßensystem wesentlich schneller, als man es aufgrund der sichtbaren Materie erwarten würde. Die dunkle Materie hält diese Sternsysteme durch ihre Gravitationskraft zusammen.

Einteilung. Sternsysteme lassen sich in drei Hauptgruppen einteilen: spiralförmige, elliptische und irreguläre Systeme. Bei spiralförmigen Sternsystemen ist eine Spiralstruktur erkennbar, während elliptische Systeme äußerlich strukturlos sind. Irreguläre Sternsysteme haben chaotische, unsystematische Formen und Strukturen. Sie enthalten viel interstellare Materie und viele junge Sterne (Bild 1).
Spiralförmige Sternsysteme bestehen ebenfalls vorwiegend aus jungen Sternen und enthalten bis zu 10 % interstellare Materie, aus der sich weitere Sterne bilden. Demgegenüber gibt es in elliptischen Systemen nur wenig Gas und Staub; die Sternentstehung ist seit langem abgeschlossen und die Sterne dieser Systeme sind relativ alt (Bild 2).
Ein dem Milchstraßensystem benachbartes Sternsystem ist der Andromeda-Nebel. (Die irreführende Bezeichnung „Nebel" entstand, bevor die wahre Natur der Sternsysteme erkannt wurde.) Wir sehen ihn bei schrägem Aufblick auf seine Scheibenebene aus etwa $6{,}5 \cdot 10^5$ pc Entfernung. Der Andromeda-Nebel ist bei klarem, dunklem Himmel mit dem bloßen Auge als kleine, schwach leuchtende Wolke im Sternbild Andromeda zu sehen. Er ist damit das am weitesten entfernte kosmische Objekt, das man mit dem bloßen Auge erkennen kann.

1

Die so genannten Magellan'schen Wolken – zwei Sternsysteme ohne Spiralstruktur. Sie können von Mitteleuropa aus nicht gesehen werden, weil sie dem Himmelssüdpol sehr nahe stehen. Beide Systeme sind Begleiter der Galaxis; das größere ist 50 000 pc, das kleinere 60 000 pc von der Galaxis entfernt.

2 Andromeda-Nebel – großes spiralförmiges Sternsystem im Sternbild Andromeda

Spiralförmiges Sternsystem im Sternbild Jagdhunde. Deutlich sind dunkle
Bänder aus Staub in den Spiralarmen
1   zu sehen.

Die Strukturen der spiralförmigen Sternsysteme können nicht unbegrenzt
lange bestehen. (Wenn das der Fall wäre, müssten sich die Spiralarme innerhalb einer nach kosmischen Maßstäben kurzen Zeitspanne auf das Zentralgebiet aufwickeln.) Offenbar bildet sich das Spiralmuster innerhalb eines
Sternsystems ständig neu und die Spiralarme sind diejenigen Bereiche, in
denen gerade ein besonders intensiver Sternentstehungsprozess abläuft.
Nach wenigen Millionen Jahren werden diese jungen Sterne so weit gealtert
sein, dass sich das betreffende Gebiet nicht mehr von seiner Umgebung
unterscheidet. Wenn die interstellare Materie eines Sternsystems durch die
Sternentstehung verbraucht ist, verschwindet die Spiralstruktur; es entsteht
eine strukturlose Scheibengalaxie. In unserem Milchstraßensystem wird
das in etwa 10 Milliarden Jahren geschehen.

Spiralförmige Sternsysteme, die uns
ihre Schmalseite zuwenden, lassen die
zentrale Verdickung der Scheibe deutlich erkennen. Die dunklen Flecke nahe
der Mittelebene sind undurchsichtige
2   Staubwolken.

Radiogalaxien. Je mehr interstellares Gas ein Sternsystem enthält, desto stärker ist sein Magnetfeld und desto stärker ist auch die von diesem System ausgehende Radiostrahlung, da Magnetfelder wesentlich an der Entstehung von Radiostrahlung beteiligt sind. Spiralförmige Sternsysteme enthalten relativ viel Gas und senden deshalb eine stärkere Radiostrahlung aus als elliptische Systeme. Sternsysteme mit überdurchschnittlich starker Strahlung im Radiobereich werden als Radiogalaxien bezeichnet. Viele Radiogalaxien sind optisch sehr lichtschwach.

Radiogalaxie

Je nachdem, wo sich die Quelle der Radiostrahlung befindet, unterscheidet man kompakte Quellen und Jetquellen. Bei den kompakten Quellen geht die Strahlung von einem kleinen Bereich im Zentralgebiet des Sternsystems aus, bei den Jetquellen von Bereichen, die weit außerhalb der sichtbaren Strukturen des Sternsystems liegen. Dabei handelt es sich um Materie, die vom Zentralgebiet ausgestoßen wurde und mit dem Gas im Raum zwischen den Galaxien in Wechselwirkung tritt.

Quasare. Quasare sind außerordentlich weit entfernte außergalaktische Objekte, die im optischen Bereich sternförmig erscheinen und starke ultraviolette und Röntgenstrahlung aussenden. Ihre Leuchtkräfte sind sehr hoch, sie übertreffen die Leuchtkräfte normaler Sternsysteme um das 1 000- bis 10 000fache. Manche Quasare weisen Helligkeitsschwankungen auf. Quasare sind die absolut hellsten Sternsysteme im Kosmos, von denen nur die extrem leuchtkräftigen Zentralgebiete beobachtet werden können. Sie waren nur in einem bestimmten Stadium ihrer Entwicklung in der Lage, so stark zu strahlen. Da das Licht aus jener Zeit die Erde erst jetzt erreicht, sehen wir die Quasare in einem Entwicklungsstadium, das längst vergangen ist. Nur bei ganz wenigen Quasaren konnte bisher auch die zugehörige Galaxie beobachtet werden.

Galaxienhaufen. Fast alle Sternsysteme sind in großen Konzentrationen vereinigt, die als Galaxiengruppen oder Galaxienhaufen bezeichnet werden und die ihrerseits wiederum größere Anhäufungen (Superhaufen) bilden. Die **Superhaufen** sind die größten bekannten Strukturen im Kosmos. Galaxienhaufen umfassen jeweils einige 100 bis zu mehreren 1 000 Sternsysteme. Der Raum zwischen den Galaxien ist in vielen Galaxienhaufen mit heißem Gas gefüllt, das intensive Röntgenstrahlung aussendet.

Superhaufen können bis zu 10^6 Sternsysteme mit einer Gesamtmasse bis zu 10^{16} Sonnenmassen enthalten; in ihnen sind die Galaxienhaufen in Form von ketten- oder flächenhaften Gebilden angeordnet. Damit erhält der gesamte Kosmos eine zellen- oder schaumblasenartige Struktur. Das Innere der Zellen enthält keine sichtbare Materie.

Übrigens

Das Milchstraßensystem, der Andromeda-Nebel und etwa 30 andere Sternsysteme bilden einen kleinen Galaxienhaufen, der ebenfalls zu einem Superhaufen gehört. Dessen Zentrum ist ein großer Galaxienhaufen im Sternbild Jungfrau.

Galaxienhaufen

Gravitationslinsen. Mit Sammellinsen lassen sich Bilder von Gegenständen erzeugen. Gigantische Linsen gibt es im Kosmos. Große Massen, wie z. B. Galaxienhaufen mit der darin enthaltenen dunklen Materie, können die Struktur des Raumes deutlich verändern. Es entsteht durch die Raumkrümmung eine so genannte Gravitationslinse.

Das Licht, das von dahinter befindlichen Sternsystemen ausgeht, breitet sich beim Durchgang durch die Gravitationslinse nicht geradlinig aus, dadurch kommt es zu Mehrfachbildern, oder das Bild des Sternsystems wird bogenförmig verzerrt. Gravitationslinsen können genutzt werden, um die Masse der dunklen Materie zu ermitteln.

Im abgebildeten Galaxienhaufen gibt es mehrere Gravitationslinsen, die verzerrte Bilder von Galaxien liefern, die 5- bis 10-mal weiter entfernt sind. Die Bilder erscheinen als leuchtende Bögen zwischen den Galaxien des Haufens.

Die Entwicklung des Kosmos

Kosmologie. Die Kosmologie ist die Lehre vom Kosmos als Gesamtheit, von seiner allgemeinen Struktur und von seiner Entwicklung. Der astronomischen Beobachtung ist vom Kosmos prinzipiell nur ein Teilbereich zugänglich, und entwicklungsbedingte Änderungen können nur in diesem Teilbereich beobachtet werden.

Dabei ist wegen der Lichtlaufzeit jeder Blick in kosmische Weiten zwangsläufig ein Blick in die Vergangenheit. Wir beobachten z. B. ein Sternsystem, das eine Milliarde Lichtjahre von uns entfernt ist, in dem Zustand, in dem es sich vor einer Milliarde Jahren befand.

Die Bewegung der Sternsysteme. Im Jahre 1929 entdeckte der amerikanische Astronom EDWIN P. HUBBLE bei der Auswertung der Spektralaufnahmen von Sternsystemen eine beachtliche Verschiebung der Spektrallinien zum langwelligen, roten Bereich hin (Rotverschiebung). Sie trat in mehr oder weniger ausgeprägter Form bei fast allen Sternsystemen auf. Diese Rotverschiebung ist ein Zeichen dafür, dass sich die Sternsysteme vom Beobachter weg bewegen.

Genauere Analysen zeigen, dass die Geschwindigkeit dieser Bewegung umso größer ist, je weiter das betreffende Sternsystem vom Milchstraßensystem entfernt ist (Hubble-Effekt). Dadurch entsteht der Eindruck, das Milchstraßensystem sei das Zentrum dieser Bewegungen. Dies ist jedoch ein Trugschluss: Wenn sich alle Sternsysteme voneinander weg bewegen, so stellt ein Beobachter auf jedem beliebigen System fest, dass sich alle anderen Systeme von ihm weg bewegen.

Der Hubble-Effekt ist ein Ausdruck der Tatsache, dass sich die gegenseitigen Abstände der Sternsysteme ständig vergrößern. Der Kosmos dehnt sich aus, er expandiert. Die hohen Geschwindigkeiten der Sternsysteme sind durch diese Expansionsbewegung zu erklären: Die Galaxien bewegen sich von einander weg, weil sie sich in einem expandieren Kosmos befinden. Der Raum „nimmt die Galaxien mit".

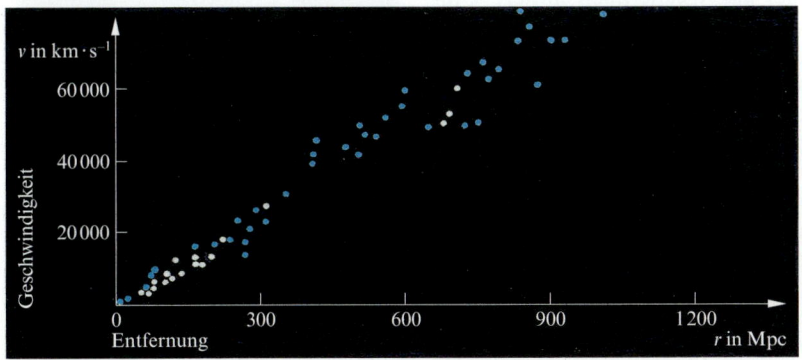

Zusammenhang zwischen den Geschwindigkeiten der Sternsysteme und den Entfernungen dieser Systeme vom Milchstraßensystem

Urknall. Aus den heutigen Entfernungen der Sternsysteme und aus ihren Geschwindigkeiten lässt sich der Zeitpunkt berechnen, zu dem die Expansion des Kosmos begann. Er liegt etwa 13,7 Milliarden Jahre zurück. Zu jener Zeit war die gesamte kosmische Materie extrem dicht und heiß, sie bestand aus energiereicher Strahlung und Elementarteilchen. Strahlung und Teilchen wandelten sich ständig ineinander um.

Übrigens

Den explosionsartigen Beginn der Expansion des Kosmos bezeichnet man häufig als Urknall. Die astronomischen und physikalischen Gesetze reichen nicht aus, um diesen Zustand anschaulich zu beschreiben.

Nach dem Urknall dehnte sich der Kosmos zunächst extrem schnell aus (so genannte **„inflationäre Phase"**). Nach und nach verlor sich dieser Anfangsschwung, und die gegenseitige Anziehung der Materie verlangsamte die Expansion. Doch seit etwa 7,5 Milliarden Jahren nimmt ihre Geschwindigkeit wieder deutlich zu. Der Kosmos dehnt sich beschleunigt weiter aus; dieser Prozess wird nie mehr zum Stillstand kommen.

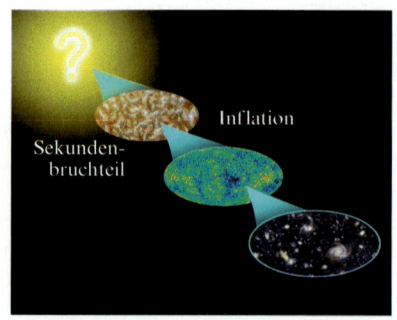

Im Verlaufe der Expansion sanken die Materiedichte und die Temperatur auf die heutigen Werte ab. Nach dem Urknall konnten nacheinander unterschiedliche Arten von Elementarteilchen neben der Strahlung existieren, aber erst als die Temperatur des Kosmos auf etwa 3000 K gesunken war (etwa 379 000 Jahre nach dem Urknall), endete das Gleichgewicht zwischen Teilchen und Strahlung. Die Teilchen (Protonen, Neutronen, Elektronen) wandelten sich nicht mehr in Strahlung um und umgekehrt, sondern vereinigten sich zu Atomen.

Mit ca. 78% Wasserstoff und ca. 22% Helium wies diese **Urmaterie** eine ähnliche chemische Zusammensetzung auf, wie die gegenwärtig existierenden Sterne, jedoch gab es außer geringfügigen Spuren von Lithium und Beryllium noch keine schwereren Elemente. Die Bildung kosmischer Strukturen – Gasteilchen, Staubteilchen, Sterne, Planeten, Sternsysteme – begann; und sie setzt sich bis in die Gegenwart fort.

Die Strahlung bewegt sich seit jener Zeit frei durch den Weltraum. Mit der fortschreitenden Expansion des Kosmos hat sie sich immer mehr verdünnt und ihre Energie hat sich immer mehr verringert.

Im Jahre 1964 wurde eine Radiowellenstrahlung entdeckt, die aus allen Richtungen gleichmäßig auf die Erde einfällt. Sie ist keinem bekannten Objekt zuzuordnen, sondern muss als Überrest der hochenergetischen Strahlung betrachtet werden, die in der Frühphase den gesamten Kosmos ausfüllte.

Gegenwärtig gleicht sie der Strahlung eines Körpers mit einer Temperatur von 2,725 K (**Drei-Kelvin-Strahlung,** 3-K-Strahlung). Die Bewegungen der Sternsysteme und die 3-K-Strahlung sind die wichtigsten Beweise dafür, dass sich der Urknall tatsächlich ereignet hat. (Siehe auch hintere Umschlag-Innenseite.)

Dunkle Energie. Beobachtungen an weit entfernten Supernovae zeigen, dass sich der Kosmos seit etwa 7,5 Milliarden Jahren beschleunigt ausdehnt. Dies kann nicht mit der Gravitation (sichtbare und dunkle Materie) erklärt werden, denn durch die gegenseitige Massenanziehung wird die Expansion des Kosmos gebremst. Es muss also eine Kraft geben, die entgegen der Gravitation wirkt. Diese im gesamten Kosmos absolut gleichförmig wirkende universelle Abstoßungskraft wird auf die so genannte „dunkle Energie" zurückgeführt.

Die 3-K-Strahlung weist winzige Temperaturunterschiede auf, aus denen sich Aussagen über den Frühzustand des Kosmos ableiten lassen. So weiß man heute, dass sich die ersten Sterne nur 200 Millionen Jahre nach dem Urknall gebildet haben. Auch die materielle Zusammensetzung des Kosmos konnte bestimmt werden: Nur rund 4% sind Baryonen, das sind Elementarteilchen, die der Kernkraft (der so genannten starken Wechselwirkung) unterworfen sind. Dazu zählen die Protonen und die Neutronen, aus denen alle Atomkerne bestehen, aber auch weitere Teilchen der dunklen Materie. Rund 23% sind kalte dunkle Materie (unbekannte Teilchen), rund 73% dunkle Energie.

Entwicklungsetappen im Kosmos	
vor Jahren	Ereignis
$13{,}7 \cdot 10^9$	Urknall
$13{,}5 \cdot 10^9$ bis $13{,}3 \cdot 10^9$	Bildung der Galaxien und darin der ersten Sterne
$4{,}6 \cdot 10^9$	Entstehung des Sonnensystems
$3{,}6 \cdot 10^9$	erste Spuren des Lebens auf der Erde
$3 \cdot 10^6$	erste Menschen auf der Erde

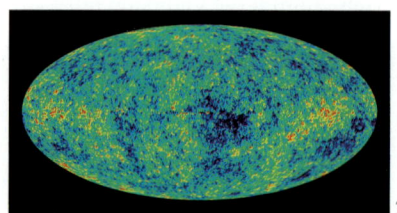

Himmelskarte der 3-K-Strahlung. Die dunklen Strukturen sind kühler, die gelben Flecke wärmer als der Mittelwert. Diese Temperaturdifferenzen betragen nur winzige Bruchteile eines Kelvin.

Die Erforschung des Universums

Die Entdeckung des Sternsystems. Die ersten Überlegungen über die Anordnung der Sterne im Raum stellte im Jahre 1750 der englische Astronom THOMAS WRIGHT an. WILHELM HERSCHEL konnte 1784 zeigen, dass unser Sternsystem eine abgeflachte Gestalt haben muss; er nahm jedoch an, die Sonne befinde sich im Zentrum des Milchstraßensystems. Auch die wirkliche Größe des Milchstraßensystems konnte er noch nicht bestimmen, da es noch keine Möglichkeit gab, Sternentfernungen zu ermitteln.

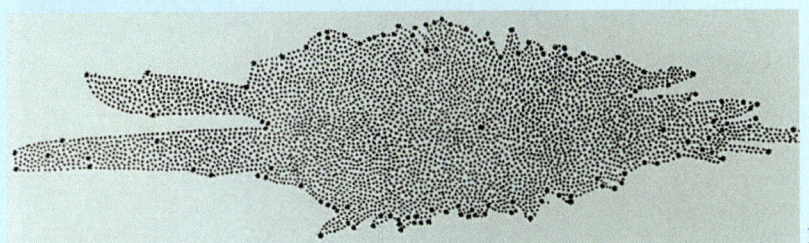

Zeichnung des Milchstraßensystems
1 von WILHELM HERSCHEL

Erst zu Anfang des 20. Jahrhunderts wurden die wahren Ausmaße und die Struktur des Milchstraßensystems erkannt. Der amerikanische Astronom EDWIN POWELL HUBBLE konnte 1923 nachweisen, dass die „Spiralnebel" ferne Sternsysteme sind. (Bis dahin wurde es auch für möglich gehalten, dass diese nebligen Gebilde Bestandteile der Galaxis sind.)

Licht auf krummen Wegen. ALBERT EINSTEIN erkannte 1915, dass der Raum in der Nähe großer Massen von diesen gekrümmt wird. Das Licht folgt dieser Raumkrümmung. Die ersten Gravitationslinsen wurden 1979 bei der Beobachtung ferner Sternsysteme entdeckt, aber bereits im Jahre 1919 konnte festgestellt werden, dass bei einer Sonnenfinsternis Sterne in unmittelbarer Nähe der Sonne verschoben erschienen. Das Licht dieser Sterne war durch das Gravitationsfeld der Sonne abgelenkt worden.

Die Expansion des Kosmos. Im Jahre 1929 entdeckte HUBBLE die Expansion des Kosmos, als er die Bewegungen der Sternsysteme mithilfe von Spektralbeobachtungen nachwies. Die theoretischen Grundlagen dazu waren wenige Jahre vorher durch den russischen Physiker ALEXANDER A. FRIEDMAN gelegt worden. Die Entdeckung der 3-K-Strahlung im Jahre 1964 durch ARNO A. PENZIAS und ROBERT W. WILSON war ein wichtiger Schritt zu der Erkenntnis, dass der heutige Kosmos vor 13,7 Milliarden Jahren aus einem sehr kleinen und unvorstellbar heißen Urzustand hervorgegangen ist

Die fernsten beobachtbaren Objekte. Die Entdeckung der Quasare („quasistellare Radioquellen") in den sechziger Jahren des 20. Jahrhunderts stellte die Astrophysiker vor ein fast unlösbares Problem: sternartige, punktförmige Licht- und Radioquellen weisen in ihren Spektren die Merkmale extrem hoher Geschwindigkeiten auf, mit denen sie sich von der Erde entfernen. Dies deutet auf sehr große Entfernungen von der Erde; diese Objekte müssen also, um beobachtbar zu sein, enorme Leuchtkräfte (bis zu 10^{15} Sonnenleuchtkräfte, das ist die 10 000fache Leuchtkraft eines ganzen Sternsystems) besitzen. Es können also keine Sterne sein, obwohl sie wie Sterne aussehen. Heute weiß man, dass Quasare die hellen Zentralgebiete weit entfernter Sternsysteme sind, die wir in einem sehr frühen Entwicklungsstadium sehen.

EDWIN POWELL HUBBLE

Übrigens

Die Geschwindigkeit, mit der sich der Kosmos ausdehnt, wird durch die so genannte **Hubble-Konstante** beschrieben. Um ihren Betrag wurde viele Jahrzehnte gestritten, weil es sehr schwierig ist, die Entfernungen weit entfernter Galaxien zuverlässig zu messen. Heute ist der Wert der Hubble-Konstante recht genau bekannt; er beträgt 71 km/(s·Mpc). Das bedeutet, dass sich Galaxien in einer Entfernung von einem Megaparsec (1 Mpc = 1 Million Parsec) mit einer Geschwindigkeit von 71 km/s von uns entfernen, Galaxien in 2 Mpc Entfernung bewegen sich mit 142 km/s von uns weg usw.

AUFGABEN

1. Suche den für uns sichtbaren Teil der Milchstraße auf der Sternkarte auf! Durch welche Sternbilder verläuft die Milchstraße?
2. Offene Sternhaufen bestehen aus relativ jungen Sternen. In welchem Besetzungsgebiet des Hertzsprung-Russell-Diagramms befinden sich deren Diagrammpunkte?
3. Beschreibe die Struktur des Milchstraßensystems! Zu welchem seiner Bestandteile gehört unser Sonnensystem?
4. Das Zentrum des Milchstraßensystems befindet sich in Richtung auf das Sternbild Schütze.
   In welcher Jahreszeit steht dieses Sternbild für Beobachter in Mitteleuropa nachts über dem Horizont? (Nutze eine drehbare Sternkarte!)
5. Wie könnte die irreführende Bezeichnung „Nebel" für viele Sternsysteme (z. B. Andromeda-Nebel) zustande gekommen sein?
6. Ein Galaxienhaufen mit etwa 500 Galaxien im Sternbild Perseus überdeckt am Himmel eine Fläche mit einem Radius von 2°. Der Haufen ist $96 \cdot 10^6$ pc von uns entfernt.
   a) Wie groß ist der wahre Durchmesser dieses Galaxienhaufens?
   b) Wie lange benötigt das Licht von dort bis zur Erde?
   c) Wie lange braucht das Licht, um den Haufen zu durchqueren?
7. Im Jahre 2003 wurden mithilfe des Hubble-Weltraumteleskops Galaxien beobachtet, die $4 \cdot 10^9$ pc von uns entfernt sind (Bild 1). Vor wie vielen Jahren wurde die Strahlung ausgesandt, die wir heute von diesen Objekten beobachten?

Die entferntesten Galaxien auf diesem Bild haben ihr Licht ausgesandt, als der Kosmos noch nicht einmal eine Milliarde Jahre alt war. Sie vermitteln einen Eindruck vom jungen Kosmos, in dem sich deutliche Strukturen zu bilden begannen.

ZUSAMMENFASSUNG

Sternsystem	Ansammlung von 10^9 bis 10^{12} Sternen und großen Mengen interstellarer Materie.
Sternhaufen	Ansammlung zusammengehöriger Sterne innerhalb eines Sternsystems. Man unterscheidet offene und kugelförmige Sternhaufen. Die Sterne eines Sternhaufens sind gemeinsam entstanden.
Milchstraßensystem (Galaxis)	Sternsystem, dem die Sonne angehört Aufbau: Zentralgebiet, Scheibe, Halo, Korona
außergalaktische Sternsysteme	Sternsysteme außerhalb des Milchstraßensystems
Galaxienhaufen	Konzentrationen von Sternsystemen
Urknall	Beginn der Expansion des Kosmos vor $13,7 \cdot 10^9$ Jahren; extrem dichter und heißer Zustand der Materie

Anhang

Nördlicher Sternenhimmel

Konstanten

Größe	Formelzeichen	Wert
Lichtgeschwindigkeit im Vakuum	c	$299\,792\,458\,\text{m/s}$
Gravitationskonstante	γ, G	$6{,}673 \cdot 10^{-11}\,\text{m}^3/(\text{kg} \cdot \text{s}^2)$
Solarkonstante	S	$1{,}368\,\text{kW/m}^2$
Hubble-Konstante	H	$71\,\text{km}/(\text{s} \cdot \text{Mpc})$
Masseverhältnis Erde – Mond	$m_\text{E}:m_\text{M}$	$81{,}3$
Masseverhältnis Sonne – Erde	$m_\text{S}:m_\text{E}$	$332\,964{,}0$
Sonnenparallaxe	p_S	$8{,}794\,148''$

Einheiten der Länge

Name der Einheit	Einheitenzeichen	Beziehungen
Astronomische Einheit (mittlere Entfernung Erde – Sonne)	AE	$1\,\text{AE} = 149{,}6 \cdot 10^9\,\text{m}$ $= 4{,}85 \cdot 10^{-6}\,\text{pc}$ $= 15{,}8 \cdot 10^{-6}\,\text{Lj}$
Parsec	pc	$1\,\text{pc} = 30{,}857 \cdot 10^{15}\,\text{m}$ $= 0{,}206 \cdot 10^6\,\text{AE}$ $= 3{,}26\,\text{Lj}$
Lichtjahr	Lj, ly	$1\,\text{Lj} = 9{,}4605 \cdot 10^{15}\,\text{m}$ $= 63{,}239 \cdot 10^3\,\text{AE}$ $= 0{,}306\,6\,\text{pc}$

Einheiten der Zeit

Definition des Jahres
- tropisches Jahr $\quad$ 365 d 5 h 48 min 46 s
- siderisches Jahr $\quad$ 365 d 6 h 9 min 9 s

Definition des Monats
- siderischer Monat $\quad$ 27,322 d (27 d 7 h 43 min 12 s)
- synodischer Monat $\quad$ 29,53 d (29 d 12 h 44 min 3 s)

Definition des Tages
- Sterntag $\quad$ 23 h 56 min 4,091 s = 86 164,091 s = 0,997 27 d
- Sonnentag $\quad$ 1 d = 24 h = 86 400 s

Ausgewählte Zeitzonen

Zeitzone	Vergleich zur MGZ
Mittlere Greenwicher Zeit (MGZ)	= Westeuropäische Zeit (WEZ)
Mitteleuropäische Zeit	MGZ + 1 Stunde
Osteuropäische Zeit	MGZ + 2 Stunden
Atlantic Standard Time	MGZ + 4 Stunden
Pacific Standard Time	MGZ + 8 Stunden

Erde

Größe	Formelzeichen	Wert
Radius am Äquator	$r_{\ddot{A}}$	6378 km
Radius am Pol	r_P	6357 km
Volumen	V_E	$1{,}083 \cdot 10^{12}$ km³
Masse	m_E	$5{,}976 \cdot 10^{24}$ kg
mittlere Dichte	ϱ_E	5,52 g/cm³
Luftdruck in Meereshöhe (Normdruck)	p_n	101,3 kPa = 1013 hPa
Normfallbeschleunigung	g_n	9,80665 m/s²
mittlere Entfernung von der Sonne	r, S_S	$149{,}6 \cdot 10^6$ km = 1 AE
mittlere Bahngeschwindigkeit	v_E	29,79 km/s
siderische Umlaufzeit um die Sonne	T_{sid}	365,26 d

Mond

Größe	Formelzeichen	Wert
mittlere Entfernung von der Erde	s_M	384400 km ≈ 60,3 Erdradien
Radius	r_M, R_M	1738 km ≈ 0,2725 Erdradien
Volumen	V_M	$2{,}192 \cdot 10^{10}$ km³ ≈ 0,02 V_E
Masse	m_M	$7{,}35 \cdot 10^{22}$ kg ≈ 0,01 23 m_E
mittlere Dichte	ϱ_M	3,34 g/cm³ ≈ 0,61 ϱ_E
Fallbeschleunigung an der Oberfläche	g_M	1,62 m/s² ≈ 0,165 g_E
mittlere Bahngeschwindigkeit	v_M	1,02 km/s
Bahnneigung gegen die Erdbahn		5° 8′ 43″
siderische Umlaufzeit um die Erde	T_{sid}	27,322 d

Sonne

Größe	Formelzeichen	Wert
mittlere Entfernung zwischen Sonne und Erde	S_S	$149{,}6 \cdot 10^6$ km = 1 AE
Radius	r_S, R_S	700000 km ≈ 110 Erdradien
Volumen	V_S	$1{,}414 \cdot 10^{18}$ km³ ≈ $1{,}3 \cdot 10^6$ V_E
Masse	m_S	$2 \cdot 10^{30}$ kg ≈ $3{,}35 \cdot 10^5$ m_E
mittlere Dichte	ϱ_S	1,41 g/cm³ ≈ 0,26 ϱ_E
Fallbeschleunigung an der Oberfläche	g_S	274 m/s² ≈ 27,94 g_E
Oberflächentemperatur	T	≈ 6000 K
Leuchtkraft	L	$3{,}8 \cdot 10^{23}$ kW

Planeten des Sonnensystems

Planet	mittlere Bahn-geschwindigkeit in km/s	mittlere Entfernung von der Sonne in 10^6 km	Äquator-durchmesser in km	Masse in Erdmassen $(5{,}976 \cdot 10^{24}$ kg$)$	mittlere Dichte in g/cm^3
Merkur	47,8	57,9	4 878	0,06	5,43
Venus	35,03	108,2	12 104	0,82	5,24
Erde	29,79	149,6	12 756	1	5,52
Mars	24,13	227,9	6 794	0,11	3,93
Jupiter	13,06	778,3	143 600	317,9	1,31
Saturn	9,64	1 427	120 000	95,15	0,69
Uranus	6,81	2 869,6	50 800	14,54	1,27
Neptun	5,43	4 496,7	49 500	17,20	1,71

Radien und mittlere Dichten von Sternen

Stern	Radius in Sonnenradien	mittlere Dichte in g/cm^3
Überriesen	20 bis 750	10^{-7}
Riesen	3 bis 40	10^{-5} bis 10^{-2}
massereiche Hauptreihensterne	1 bis 8	10^{-2}
massearme Hauptreihensterne	0,2 bis 1	1 bis 3
Weiße Zwerge	$\approx 0{,}01$	10^6

Einige Daten unseres Milchstraßensystems (Galaxis)

Durchmesser der diskusähnlichen Scheibe	30 000 pc
Dicke	
– in den Randgebieten	1 000 pc
– im zentralen Kern	5 000 pc
mittlere Dichte	$\approx 10^{-23}$ g/cm^3
Abstand der Sonne vom Zentrum der „Scheibe"	$\approx 8 000$ pc
Zeit für einen vollen Umlauf der Sonne um das Zentrum	≈ 250 Mio. Jahre
Umlaufgeschwindigkeit der Sonne um das Zentrum	≈ 250 km/s

Scheinbare Helligkeiten einiger Sterne

Stern (Sternbild)	scheinbare Helligkeit	Farbe	Entfernung
Sirius (Großer Hund)	$-1{,}43^m$	weiß	8,8 Lj
Wega (Leier)	$0{,}04^m$	weiß	26 Lj
Rigel (Orion)	$0{,}12^m$	weiß	880 Lj
Atair (Adler)	$0{,}77^m$	gelblich	16,1 Lj
Aldebaran (Stier)	$0{,}85^m$	orange	68 Lj
Spica (Jungfrau)	$0{,}97^m$	bläulich	274 Lj
Pollux (Zwillinge)	$1{,}21^m$	orange	36 Lj